[illegible]ÉMENTS

DE GÉOMÉTRIE

DE CLAIRAUT,

[illegible] DE L'ACADÉMIE DES SCIENCES.

NOUVELLE ÉDITION

[illegible] SYSTÈME DÉCIMAL,

PAR M. HONORÉ [illegible]

[illegible]

[illegible]

[illegible]

PARIS,

[illegible] ET LIBRAIRIE CLASSIQUES

[illegible]

[illegible]

ÉLÉMENTS
DE GÉOMÉTRIE.

ÉLÉMENTS
DE GÉOMÉTRIE

Par CLAIRAUT,

ANCIEN MEMBRE DE L'ACADÉMIE DES SCIENCES.

NOUVELLE ÉDITION

MISE EN ACCORD AVEC LE SYSTÈME DÉCIMAL,

Par M. HONORÉ REGODT,

PROFESSEUR A L'ASSOCIATION PHILOTECHNIQUE DE PARIS.

Ouvrage recommandé par le Ministre de l'Instruction publique pour l'enseignement de la géométrie dans les lycées.

PARIS.

IMPRIMERIE ET LIBRAIRIE CLASSIQUES

DE JULES DELALAIN

IMPRIMEUR DE L'UNIVERSITÉ

RUES DE SORBONNE ET DES MATHURINS.

M DCCC LIII.

PRÉFACE.

Quoique la Géométrie soit par elle-même abstraite, il faut avouer cependant que les difficultés qu'éprouvent ceux qui commencent à s'y appliquer viennent le plus souvent de la manière dont elle est enseignée dans les Éléments ordinaires. On y débute toujours par un grand nombre de définitions, de demandes, d'axiomes et de principes préliminaires, qui semblent ne promettre rien que de sec au lecteur. Les propositions qui viennent ensuite ne fixant point l'esprit sur des objets plus intéressants, et étant d'ailleurs difficiles à concevoir, il arrive communément que les commençants se fatiguent et se rebutent avant que d'avoir aucune idée distincte de ce qu'on voulait leur enseigner.

Il est vrai que, pour sauver cette sécheresse naturellement attachée à l'étude de la Géométrie, quelques auteurs ont imaginé de mettre, à la suite de chaque proposition essentielle, l'usage qu'on en peut faire pour la pratique ; mais par là ils prouvent l'utilité de la Géométrie, sans faciliter beaucoup les moyens de l'apprendre : car chaque proposition venant toujours avant son usage, l'esprit ne revient à des idées sensibles qu'après avoir essuyé la fatigue de saisir des idées abstraites.

Quelques réflexions que j'ai faites sur l'origine de la Géométrie m'ont fait espérer d'éviter ces inconvénients, en réunissant les deux avantages d'intéresser et d'éclairer les commençants. J'ai pensé que cette science, comme toutes les autres, devait s'être formée par degrés ; que c'était vraisemblablement quelque besoin qui avait fait faire les premiers pas, et que ces premiers pas ne pouvaient être hors de la portée des commençants, puisque c'étaient des commençants qui les avaient faits.

Prévenu de cette idée, je me suis proposé de remonter à ce qui pouvait avoir donné naissance à la Géométrie, et j'ai tâché d'en développer les principes par une méthode assez naturelle pour être supposée la même que celle des premiers inventeurs, observant seulement d'éviter toutes les fausses tentatives qu'ils ont nécessairement dû faire.

La mesure des terrains m'a paru ce qu'il y avait de plus propre à faire naître les premières propositions de Géométrie; et c'est, en effet, l'origine de cette science, puisque Géométrie signifie *mesure de terrain*. Quelques auteurs prétendent que les Égyptiens, voyant continuellement les bornes de leurs héritages détruites par les débordements du Nil, jetèrent les premiers fondements de la Géométrie en cherchant les moyens de s'assurer exactement de la situation, de l'étendue et de la figure de leurs domaines. Mais quand on ne s'en rapporterait pas à ces auteurs, du moins ne saurait-on douter que, dès les premiers temps, les hommes n'aient cherché des méthodes pour mesurer et pour partager leurs terres. Voulant dans la suite perfectionner ces méthodes, les recherches particulières les conduisirent peu à peu à des recherches générales; et s'étant enfin proposé de connaître le rapport exact de toutes sortes de grandeurs, ils formèrent une science d'un objet beaucoup plus vaste que celui qu'ils avaient d'abord embrassé, et à laquelle ils conservèrent cependant le nom qu'ils lui avaient donné dans son origine.

Afin de suivre dans cet ouvrage une route semblable à celle des inventeurs, je m'attache d'abord à faire découvrir aux commençants les principes dont peut dépendre la simple mesure des terrains et des distances accessibles ou inaccessibles, etc.

De là je passe à d'autres recherches qui ont une telle analogie avec les premières, que la curiosité naturelle à tous les hommes les porte à s'y arrêter; et justifiant ensuite cette curiosité par quelques applications utiles, je parviens à faire parcourir tout ce que la Géométrie élémentaire a de plus intéressant.

On ne saurait disconvenir, ce me semble, que cette méthode ne soit au moins propre à encourager ceux qui pourraient être rebutés par la sécheresse des vérités géométriques, dénuées d'applications; mais j'espère qu'elle aura encore une utilité plus importante, c'est qu'elle accoutumera l'esprit à chercher et à découvrir : car j'évite avec soin de donner aucune proposition sous la forme de théorèmes, c'est-à-dire de ces propositions où l'on démontre que telle ou telle vérité est, sans faire voir comment on est parvenu à la découvrir.

Si les premiers auteurs de Mathématiques ont présenté leurs découvertes en théorèmes, ils l'ont fait sans doute pour donner un air plus merveilleux à leurs productions, ou pour éviter la peine de reprendre la suite des idées qui les avaient conduits dans leurs recherches. Quoi qu'il en soit, il m'a paru beaucoup plus à propos d'occuper continuellement mes lecteurs à résoudre des problèmes, c'est-à-dire à chercher les moyens de faire quelque opération, ou de découvrir quelque vérité inconnue, en déterminant le rapport qui est entre des grandeurs données et des grandeurs inconnues qu'on se propose de trouver. En suivant cette voie, les commençants aperçoivent, à chaque pas qu'on leur fait faire, la raison qui détermine l'inventeur, et par là ils peuvent acquérir plus facilement l'esprit d'invention.

On me reprochera peut-être, en quelques endroits de ces Éléments, de m'en rapporter trop au témoignage des yeux, et de ne m'attacher pas assez à l'exactitude rigoureuse des démonstrations. Je prie ceux qui pourraient me faire un pareil reproche d'observer que je ne passe légèrement que sur des propositions dont la vérité se découvre, pour peu qu'on y fasse attention. J'en use de la sorte, surtout dans les commencements, où il se rencontre plus souvent des propositions de ce genre, parce que j'ai remarqué que ceux qui avaient de la disposition à la Géométrie se plaisaient à exercer un peu leur esprit, et qu'au contraire ils se rebutaient lorsqu'on les accablait de démonstrations pour ainsi dire inutiles.

Qu'Euclide se donne la peine de démontrer que deux cercles qui se coupent n'ont pas le même centre, qu'un triangle renfermé dans un autre a la somme de ses côtés plus petite que celle des côtés du triangle dans lequel il est renfermé, on n'en sera pas surpris. Ce géomètre avait à convaincre des sophistes obstinés, qui se faisaient gloire de se refuser aux vérités les plus évidentes : il fallait donc qu'alors la Géométrie eût, comme la Logique, le secours des raisonnements en forme pour fermer la bouche à la chicane. Mais les choses ont changé de face. Tout raisonnement qui tombe sur ce que le bon sens seul décide d'avance est aujourd'hui en pure perte, et n'est propre qu'à obscurcir la vérité et à dégoûter les lecteurs.

Un autre reproche qu'on pourrait me faire, ce serait d'avoir omis différentes propositions qui trouvent leur place dans les éléments ordinaires, et de me contenter, lorsque je traite des propositions, d'en donner seulement les principes fondamentaux.

A cela je réponds qu'on trouve dans ce Traité tout ce qui peut servir à remplir mon projet; que les propositions que je néglige sont celles qui ne peuvent être d'aucune utilité par elles-mêmes, et qui d'ailleurs ne sauraient contribuer à faciliter l'intelligence de celles dont il importe d'être instruit; qu'à l'égard des proportions, ce que j'en dis doit suffire pour faire entendre les propositions élémentaires qui les supposent. C'est une matière que je traiterai plus à fond dans les Éléments d'Algèbre, que je donnerai dans la suite.

Enfin, comme j'ai choisi la mesure des terrains pour intéresser les commençants, ne dois-je pas craindre qu'on ne confonde ces Éléments avec les traités ordinaires d'Arpentage? Cette pensée ne peut venir qu'à ceux qui ne considéreront pas que la mesure des terrains n'est point le véritable objet de ce livre, mais qu'elle me sert seulement d'occasion pour faire découvrir les principales vérités géométriques. J'aurais pu de même remonter à ces vérités en faisant l'histoire de la Physique, de l'Astronomie, ou de toute autre partie des Mathématiques que j'aurais voulu choisir; mais alors la multitude des idées étrangères dont il aurait fallu s'occuper aurait comme étouffé les idées géométriques, auxquelles seules je devais fixer l'esprit du lecteur.

ÉLÉMENTS
DE GÉOMÉTRIE.

PREMIÈRE PARTIE.

NOTIONS PRÉLIMINAIRES.

1.

Moyen de mesurer une longueur quelconque[1].

Pour mesurer une longueur quelconque, on la compare à celle d'une mesure connue. Ainsi l'on dit qu'une pièce de terre a 72 mètres de longueur quand cette longueur contient 72 fois celle du *mètre,* qui sert ici d'unité.

2.

La ligne droite est le plus court chemin d'un point à un autre.

Pour mesurer la distance qui sépare deux points, il faut tirer une ligne droite de l'un à l'autre et porter sur cette ligne la mesure connue, parce que toutes les autres, faisant nécessairement un détour plus ou moins grand, sont plus longues que la ligne droite, qui n'en fait aucun.

3.

Une droite est perpendiculaire sur une autre quand elle ne penche sur celle-ci d'aucun côté.

On est souvent dans la nécessité de mesurer non plus la distance d'un point à un autre, mais la distance d'un

1. Ce qu'il semble qu'on a dû mesurer d'abord, ce sont les longueurs et les distances.

point à une ligne. Un homme par exemple, placé en D (*fig.* 1), sur le bord d'une rivière, se propose de savoir combien il y a du lieu où il est à l'autre bord AB. Il est clair que, dans ce cas, pour mesurer la distance cherchée, il faut prendre la plus courte de toutes les lignes droites DA, DB, etc., qu'on peut tirer du point D à la droite AB. On conçoit facilement que la plus courte distance est la ligne DC, qu'on suppose ne pencher ni vers A ni vers B. C'est donc sur cette ligne, à laquelle on a donné le nom de *perpendiculaire*, qu'il faut porter la mesure connue pour avoir la distance DC du point D à la droite AB. Mais on voit aussi que, pour poser cette mesure sur la ligne DC, il faut que cette ligne soit préalablement tirée. Il est donc nécessaire d'avoir une méthode pour tracer des perpendiculaires.

Fig. 1.

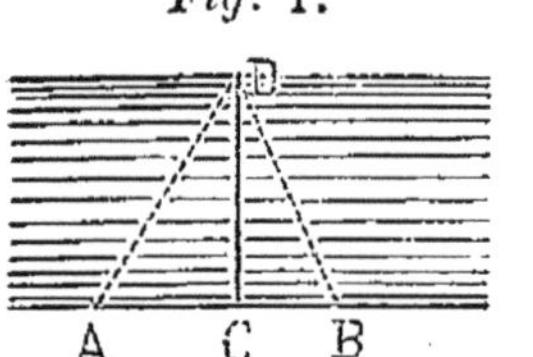

4.

Le rectangle est une figure de quatre côtés perpendiculaires les uns aux autres, et le carré est un rectangle dont les côtés sont égaux.

On a encore besoin de tracer des perpendiculaires dans une infinité d'autres cas. On sait, par exemple, que la régularité des figures telles que ABCD, FGHI (*fig.* 2 et 3),

Fig. 2. *Fig.* 3.

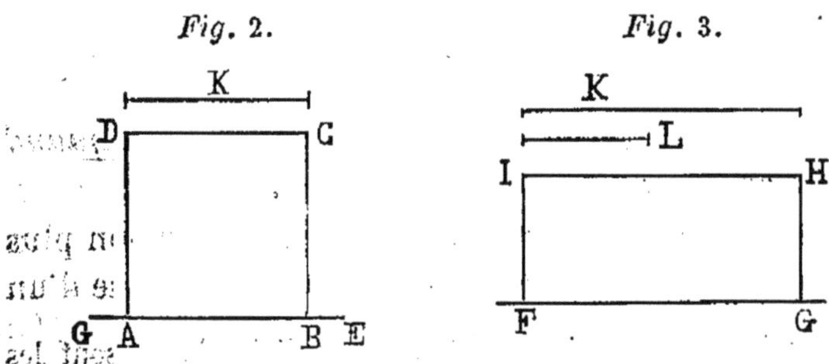

appelées *rectangles*, et composées de quatre côtés perpendiculaires les uns aux autres, engage à donner leurs formes aux maisons, aux jardins, aux chambres, aux pans de mur, etc.

La figure ABCD, dont les quatre côtés sont égaux, s'appelle *carré*; l'autre FGHI, qui n'a que ses côtés opposés égaux, retient le nom de *rectangle*.

5.

Procédé pour élever une perpendiculaire.

Dans les différentes opérations qui demandent qu'on mène des perpendiculaires, il s'agit, ou d'en abaisser sur une ligne d'un point pris au dehors, ou d'en élever d'un point placé sur la ligne même.

Pour élever du point C (*fig.* 4), pris sur la ligne AB, une perpendiculaire CD, il faut tracer cette ligne de manière qu'elle ne penche ni vers A ni vers B.

Fig. 4.

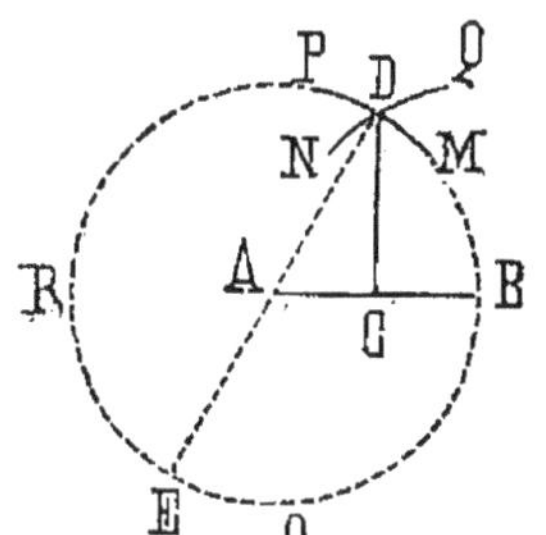

Supposons d'abord que C soit à égale distance de A et de B, et que la droite CD ne penche d'aucun côté; il est clair que chacun des points de cette ligne est également éloigné de A et de B: il ne s'agit donc plus que de trouver un point quelconque D, tel que sa distance au point A soit égale à sa distance au point B; car alors, tirant par C et par ce point une ligne droite CD, cette ligne sera la perpendiculaire demandée.

On pourrait chercher le point D en tâtonnant; mais on y arrive à coup sûr de la manière suivante :

On prend une commune mesure, une corde par exemple, ou un compas d'une ouverture déterminée, suivant qu'on opère sur le terrain ou sur le papier. On fixe au point A ou l'extrémité de la corde ou la pointe du compas, et, faisant tourner l'autre pointe ou l'autre extrémité de la corde, on trace l'arc PDM; puis, sans changer de mesure, on opère de même par rapport au point B, et l'on décrit l'arc QDN, qui, coupant le premier au point D, donne le point cherché.

Car puisque le point D appartient également aux deux arcs PDM, QDN, décrits par le moyen d'une mesure commune, sa distance au point A égale sa distance au point B. Donc CD ne penche ni vers A ni vers B; donc cette ligne sera perpendiculaire sur AB.

Fig. 5.

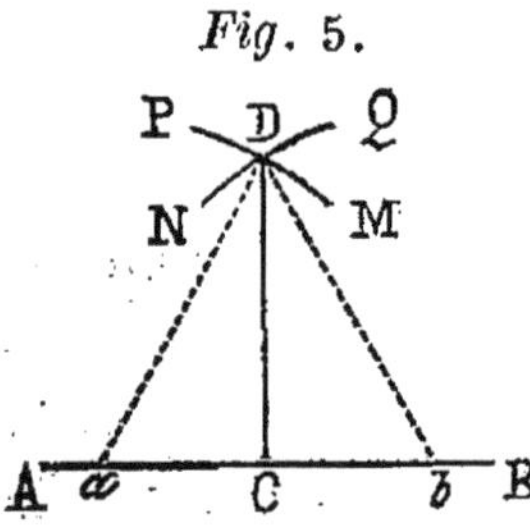

Si le point C (*fig.* 5) ne se trouve pas à égale distance de A et de B, il faut prendre deux autres points *a* et *b*, également éloignés de C, et s'en servir, à la place de A et de B, pour décrire les arcs PDM, QDN.

6.

La circonférence de cercle est la trace entière que décrit la pointe d'un compas qui tourne sur l'autre pointe; le centre est le lieu de la pointe fixe; le rayon est l'intervalle des deux pointes; le diamètre est double du rayon.

Si une des traces, telle que PDM (*fig.* 4), était continuée en O, en E, en R, etc., jusqu'à ce qu'elle revînt au même point P d'où elle commence, la trace entière s'appellerait *circonférence de cercle.*

Quand on ne trace qu'une partie PDM de la circonférence, cette partie sera appelée *arc de cercle*; le point fixe A est le *centre* du cercle; l'intervalle AD s'appelle *rayon.*

Toute ligne, telle que DAE, passant par le centre A et se terminant à la circonférence, est appelée *diamètre.* Il est évident que cette ligne est double du rayon, ce qui fait que le rayon est quelquefois nommé *demi-diamètre.*

7.

Manière d'abaisser une perpendiculaire.

La manière d'élever une perpendiculaire sur une ligne AB fournit celle d'en abaisser une d'un point quelconque E (*fig.* 6) pris hors de cette ligne; car, plaçant en E ou l'extrémité d'un fil ou la pointe du compas, et d'un même intervalle E*b*, marquant deux points *a* et *b* sur la ligne AB, on cherchera, comme au numéro précédent, un autre point D, dont la distance au point *a* et au point *b* soit la même, et par ce point et par E on mènera la droite DE, qui, ayant chacune de ses extrémités également éloignée de *a* et de *b*, et ne penchant pas plus vers l'un de ces points que vers l'autre, sera perpendiculaire sur AB.

Fig. 6.

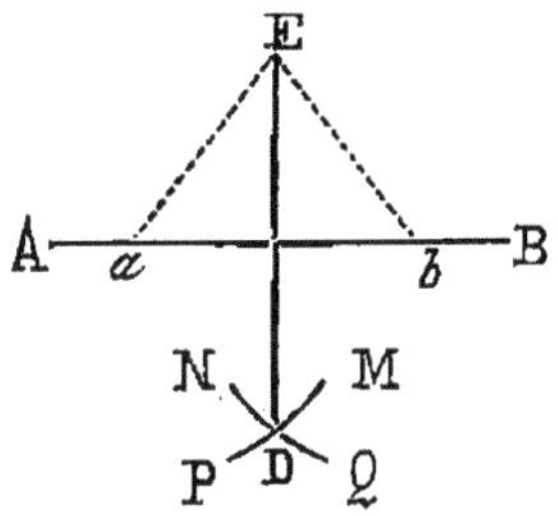

8.

Partager une droite en deux parties égales.

Soit à partager une ligne droite AB en deux parties égales. Des points A et B (*fig.* 7), pris comme centres, et d'une ouverture de compas quelconque[1], on décrit les arcs REI, GEF; ensuite, des mêmes centres, et de la même ou de telle autre ouverture qu'on voudra, on décrit aussi les arcs PDM, QDN. Alors la ligne ED, qui joint les points d'intersection E et D, partage AB en deux parties égales au point O.

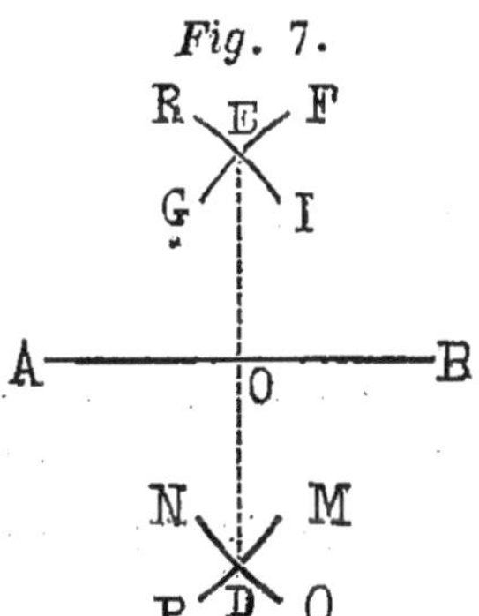

Fig. 7.

1. Il faut que l'ouverture du compas soit plus grande que la moitié de AB; sans cela, les arcs ne se couperaient pas.

9.

Faire un carré dont on connaît le côté.

La manière de tracer des perpendiculaires étant trouvée, rien n'est plus facile que de s'en servir pour faire ces figures qu'on appelle *rectangles* et *carrés*, dont on a parlé au n° 4. On voit que pour faire un carré ABCD (*fig.* 2), dont les côtés soient égaux à la ligne donnée K, il faut prendre sur la droite GE un intervalle AB, égal à K, puis élever (5) aux points A et B les perpendiculaires AD, BC, chacune égale à K, ensuite tirer DC.

10.

Construire un rectangle dont on connaît la longueur et la largeur.

Pour construire un rectangle FGHI (*fig.* 3), dont K est la longueur et L la largeur, on prend FG égale à K; ensuite on élève les perpendiculaires FI et GH, chacune égale à L, puis on tire HI.

11.

Les parallèles sont des lignes partout également distantes l'une de l'autre.

Dans la construction des ouvrages, comme des remparts, des canaux, des rues, etc., on a besoin de mener des lignes parallèles, c'est-à-dire des lignes dont la position soit telle, que leurs intervalles aient partout pour mesure des perpendiculaires de même longueur. Or, pour mener ces parallèles, rien ne semble plus naturel que de recourir à la méthode dont on se sert pour tracer des rectangles. Que AB (*fig.* 8), par exemple, soit un des côtés ou de quelque canal, ou de quelque rempart, etc., auquel on veut donner la largeur CA; ou, en d'autres termes, supposons qu'on veuille mener par C la parallèle CD à AB : on prend à volonté un point B sur la ligne AB, et l'on opère de la même façon qu'on le ferait si, sur la base AB, on voulait faire un rectangle ABDC qui eût AC pour hauteur. Alors les lignes CD, AB, étant prolongées à l'infini, seraient toujours parallèles, ou, ce qui revient au même, ne se rencontreraient jamais.

Fig. 8.

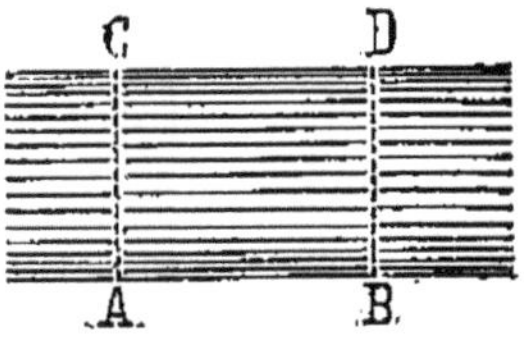

12.

Le rectangle a pour mesure le produit de sa hauteur par sa base.

La régularité des figures rectangulaires les faisant souvent employer, comme nous avons déjà dit, il se trouve bien des cas où l'on a besoin de connaître leur étendue. Il s'agit, par exemple, de déterminer combien il faut de tapisserie pour une chambre, ou combien un enclos de maison, ayant la forme d'un rectangle, doit contenir d'ares et de centiares.

On sent que, pour parvenir à ces sortes de déterminations, le moyen le plus simple et le plus naturel est de se servir d'une mesure commune, qui, appliquée plusieurs fois sur la surface à mesurer, la couvre tout entière : méthode qui revient à celle dont on s'est déjà servi pour déterminer la longueur des lignes.

Or, il est évident que la mesure commune des surfaces doit être elle-même une surface, par exemple celle d'un are, d'un mètre carré, etc. Ainsi mesurer un rectangle, c'est déterminer le nombre d'ares, de mètres carrés, etc., que contient sa surface.

Prenons un exemple pour soulager l'esprit. Supposons que le rectangle donné ABCD (*fig.* 9) ait 7 mètres de haut sur une base de 8 mètres; on peut regarder ce rectangle comme partagé en sept bandes, *a*, *b*, *c*, *d*, *e*, *f*, *g*, qui contiennent chacune 8 mètres carrés. La valeur du rectangle sera donc sept fois 8 mètres carrés, ou 56 mètres carrés.

Fig. 9.

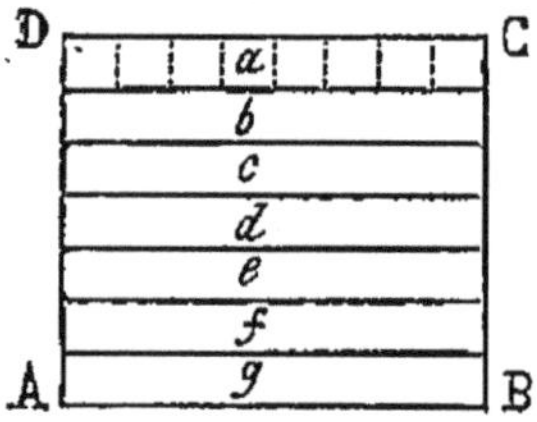

Maintenant, si l'on se rappelle les premiers éléments de l'arithmétique, et qu'on se souvienne que multiplier deux nombres c'est prendre l'un autant de fois que l'unité est contenue dans l'autre, on trouvera une parfaite analogie entre la multiplication ordinaire et l'opération par laquelle on mesure le rectangle. On verra qu'en multipliant le nombre de mètres que donne sa hauteur par le nombre de mètres que donne sa base, on détermine la quantité de mètres carrés que contient sa superficie.

13.

Les figures rectilignes sont celles qui sont terminées par des lignes droites; le triangle est une figure terminée par trois lignes droites.

Les figures qu'on a à mesurer ne sont pas toujours régulières comme les rectangles; cependant on a souvent besoin d'avoir leur mesure. Tantôt il s'agit de déterminer l'étendue d'un ouvrage construit sur un terrain qui manque de régularité, tantôt on veut savoir ce qu'une terre irrégulièrement bornée contient de mètres carrés. Il était donc nécessaire qu'à la méthode de déterminer l'étendue des rectangles on ajoutât celle de mesurer les figures qui ne sont pas rectangulaires.

On voit d'abord que, pour la pratique, la difficulté ne tombe que sur la mesure des figures rectilignes, telles que ABCDE (*fig.* 10), c'est-à-dire des figures terminées par des lignes droites; car si dans le contour du terrain

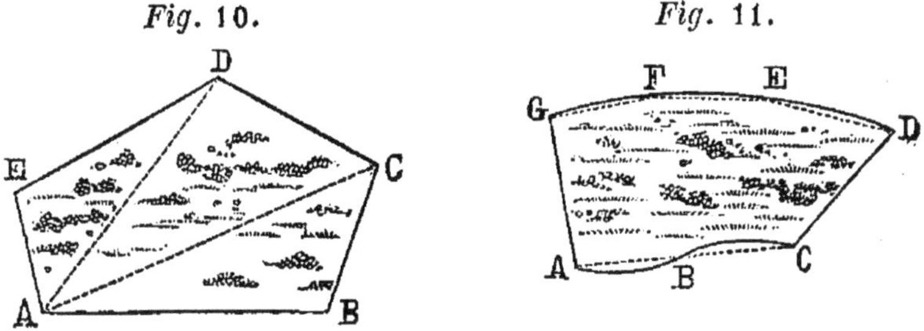

Fig. 10. *Fig.* 11.

il se trouve quelques lignes courbes, comme dans la figure ABCDEFG (*fig.* 11), il est évident que ces lignes, partagées en autant de parties qu'il sera nécessaire pour éviter toute erreur sensible, pourront toujours être prises pour un assemblage de lignes droites.

Cela posé, on voit que, malgré l'infinie variété des figures rectilignes, on peut les mesurer toutes de la même façon, en les partageant en figures de trois côtés, nommées communément *triangles;* ce qu'on fera de la manière la plus simple si, d'un point quelconque A (*fig.* 10) du contour ou périmètre de la figure ABCDE, on mène les lignes droites AC, AD, etc., aux points C, D, etc.

14.

La diagonale d'un rectangle est la ligne qui le partage en deux triangles égaux. Les triangles rectangles ont deux côtés perpendiculaires l'un à l'autre. Un triangle est la moitié du rectangle qui a même base et même hauteur : donc sa mesure est la moitié du produit de sa hauteur par sa base.

Il ne s'agira donc plus que d'avoir la mesure des triangles qu'on aura formés. Or, on sait que pour trouver ce qu'on ignore, le moyen le plus sûr est de chercher si, dans ce qu'on connaît, rien ne se rapporterait à ce qu'on veut connaître; mais on a déjà vu que tout rectangle ABCD (*fig.* 12) est égal au produit de sa base AB par sa hauteur CB. D'ailleurs il est facile de s'apercevoir que cette figure, coupée transversalement par la ligne AC, nommée *diagonale,* se trouve partagée en deux triangles égaux; et de là on infère que chacun de ces triangles égalera la moitié du produit de leur base AB ou DC par leur hauteur CB ou DA.

Fig. 12.

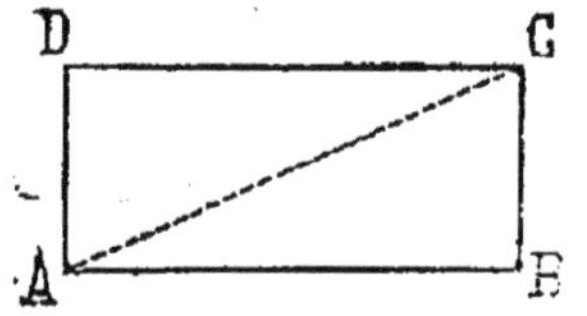

Il est vrai qu'il n'arrive guère que les triangles à mesurer aient deux de leurs côtés perpendiculaires l'un à l'autre, comme les triangles ABC, ADC, qu'on appelle *triangles rectangles;* mais rien n'empêche qu'on ne les réduise tous à des triangles de cette espèce.

Car si du point A (*fig.* 13), sommet d'un triangle quelconque ABC, on abaisse la perpendiculaire AD sur la base BC, le triangle ABC se trouvera partagé en deux triangles rectangles ADB, ADC.

Fig. 13.

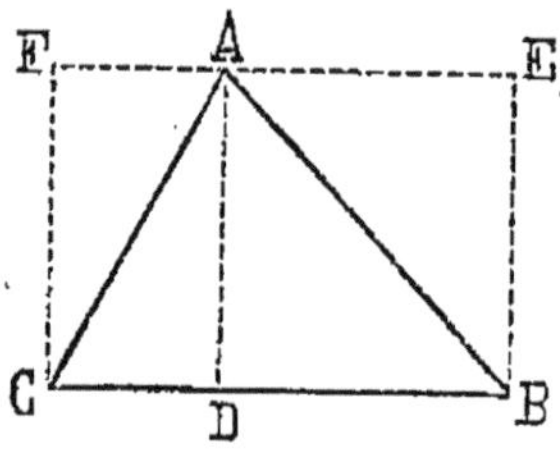

Reprenant donc ce qui vient d'être dit, il est évident que comme les deux triangles ADB, ADC seront les moitiés des rectangles AEBD, ADCF, le triangle proposé ABC sera de même la moitié du rectangle EBCF, qui aura BC pour base et AD pour hauteur. Mais puisque la surface du rectangle EBCF égalera le produit de la hauteur EB ou AD par la base BC, le triangle ABC aura pour mesure la moitié du produit de la base BC par la perpendiculaire AD, hauteur du triangle.

On a donc la manière de mesurer tous les terrains terminés par des lignes droites, puisqu'il ne s'en trouve aucun qu'on ne puisse réduire à des triangles, et que des sommets de ces triangles on sait abaisser des perpendiculaires sur leurs bases.

15.

Les triangles qui ont même base et même hauteur sont équivalents[1].

De ce que dans la méthode que nous venons de donner, pour mesurer l'aire ou la superficie des triangles, on n'emploie que leur base et leur hauteur, sans égard à la longueur de leurs côtés, on tire cette proposition ou ce théorème, que tous les triangles, tels que ECB, ACB (*fig.* 14), qui ont une base commune CB et dont les hauteurs EF, AD, sont égales, ont la même superficie.

Fig. 14.

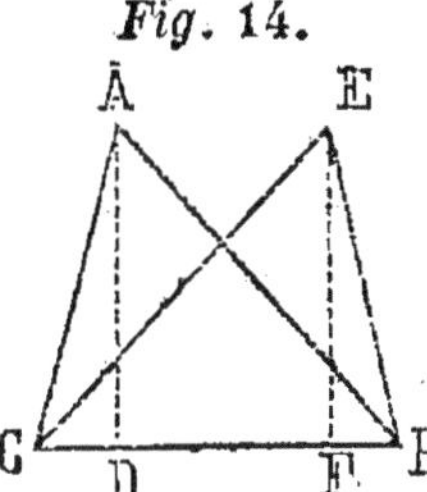

16.

Lorsque la hauteur d'un triangle tombe sur le prolongement de sa base, le triangle n'en vaut pas moins la moitié d'un rectangle de même base et de même hauteur.

Pour faciliter l'intelligence du principe qui donne la mesure des triangles, nous avons cru ne devoir choisir pour base qu'un côté sur lequel pourrait tomber la perpendiculaire abaissée du sommet opposé; ce qu'on a toujours la liberté de faire, quand il ne s'agit que de la mesure des terrains. Mais parce que, dans la comparaison des triangles qui ont même base, les perpendiculaires abaissées de leurs sommets peuvent tomber hors

1. On appelle *surfaces équivalentes* celles qui ont même étendue, quelle que soit leur forme.

du triangle, comme dans la *fig.* 15, il semble qu'il soit nécessaire de voir si les triangles tels que BCG sont dans le cas des autres, c'est-à-dire s'ils sont toujours moitié des rectangles ECBF, qui ont la perpendiculaire GH pour hauteur.

Fig. 15.

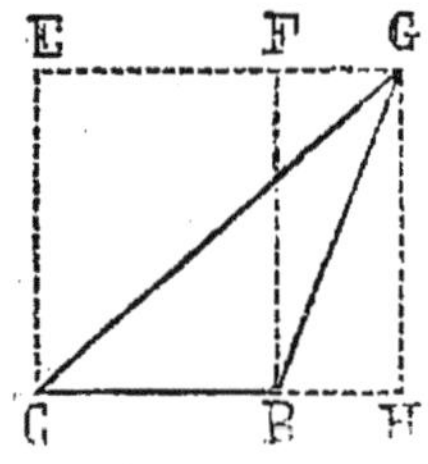

Il est facile de s'en assurer, en remarquant que le triangle CGH, somme des deux triangles CGB, GBH, est la moitié du rectangle ECHG, somme des deux rectangles ECBF, FBHG; et qu'ainsi les deux triangles CGB, GBH, pris ensemble, valent la moitié du rectangle ECHG. Or, le triangle GBH est la moitié du rectangle FBHG; donc le triangle proposé CGB est la moitié de l'autre rectangle ECBF, qui a BC pour base et GH pour hauteur.

17.

Les triangles de même base et qui sont renfermés entre les mêmes parallèles sont équivalents.

La proposition démontrée dans les trois numéros précédents peut encore s'énoncer généralement en ces termes : Les triangles EBC, ABC, GBC (*fig.* 16), sont équivalents lorsqu'ils ont une base commune BC, et qu'ils sont entre les mêmes parallèles EAG, CBH, c'est-à-dire lorsque leurs sommets E, A, G se trouvent sur une même ligne droite EAG, parallèle à la droite CB; car alors (11) leurs hauteurs, mesurées par les perpendiculaires EF, AD, GH, sont les mêmes.

Fig. 16.

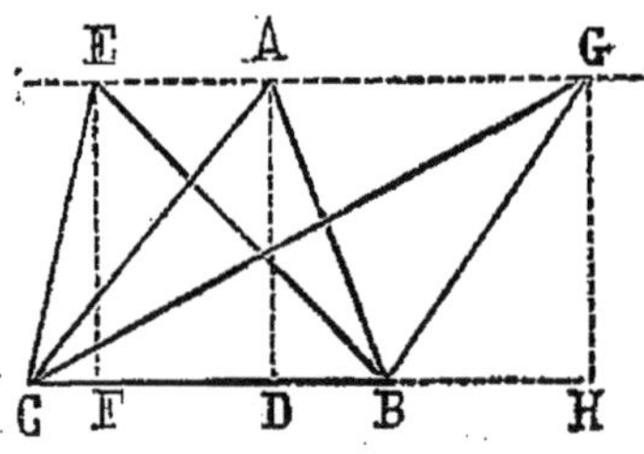

18.

Les parallélogrammes sont des figures de quatre côtés parallèles deux à deux.

Entre les différentes figures rectilignes qu'on sait mesurer par la méthode précédente, il y en a qui approchent de la régularité des rectangles : ce sont des espaces tels que ABCD (*fig.* 17), terminés par quatre côtés, dont chacun est parallèle au côté qui lui est opposé. Ces figures sont appelées *parallélogrammes* ; elles sont plus faciles à mesurer que les autres figures rectilignes, les rectangles exceptés. En effet, si l'on partage le parallélogramme ABCD en deux triangles ABC, ACD, ces deux triangles seront visiblement égaux : or, comme chacun de ces triangles vaudrait la moitié du produit de la hauteur AF par la base BC, le parallélogramme aura pour mesure le produit entier de la base BC par la hauteur AF.

Fig. 17.

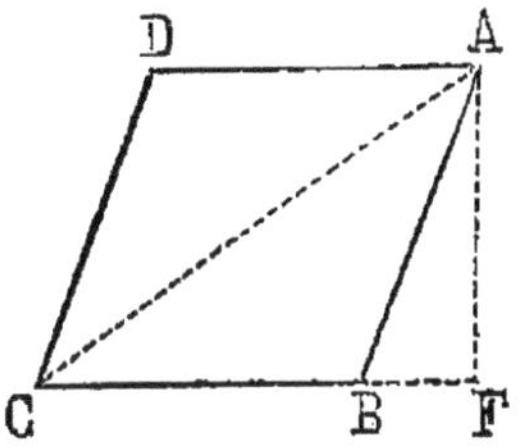

D A C B F

19.

Les parallélogrammes qui ont une base commune et qui sont entre les mêmes parallèles sont équivalents.

Les parallélogrammes ABCD, EBCF (*fig.* 18 ou 19), qui ont une base commune, et qui se trouvent entre les

Fig. 18.

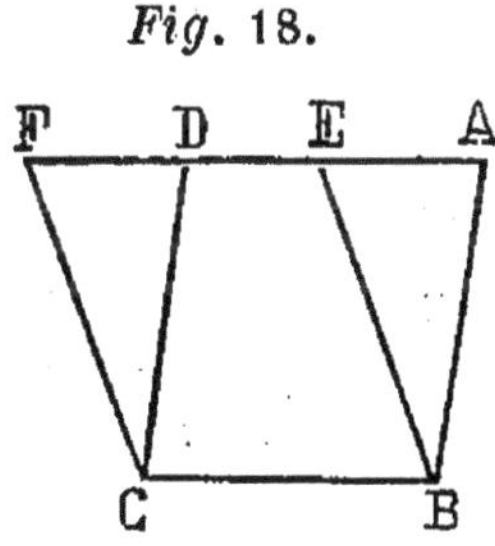

Fig. 19.

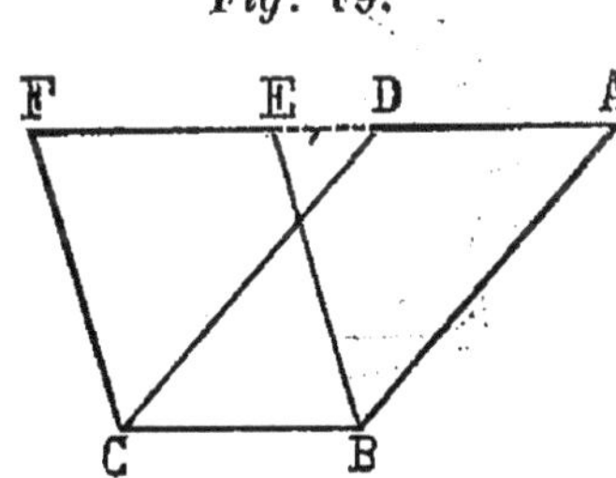

mêmes parallèles, sont équivalents; ce qu'il est facile de voir, même indépendamment de ce qui précède, en remarquant que le parallélogramme ABCD deviendra le parallélogramme EBCF, si on lui ajoute le triangle DCF, et que, de la figure entière ABCF, on retranche le triangle ABE; qu'ainsi les deux triangles DCF, ABE, étant supposés égaux, il sera évident que le parallélogramme ABCD n'aura point changé d'étendue en devenant EBCF. Or, pour s'assurer de l'égalité de ces deux triangles, il suffira de remarquer que AB et CD étant parallèles, aussi bien que BE et CF, le triangle DCF ne sera autre chose que le triangle ABE, qui aura glissé sur sa base, de manière que le point A sera arrivé en D, et E en F.

20.

Les polygones réguliers sont des figures terminées par des côtés égaux et également inclinés les uns sur les autres.

Il y a encore d'autres figures rectilignes qu'il est facile de mesurer, et qu'on nomme *polygones réguliers*, figures que terminent des côtés égaux, qui ont tous la même inclinaison les uns sur les autres : telles sont les figures ABDEF, ABDEFG, ABDEFGH (*fig.* 20, 21 et 22).

Fig. 20. *Fig.* 21.

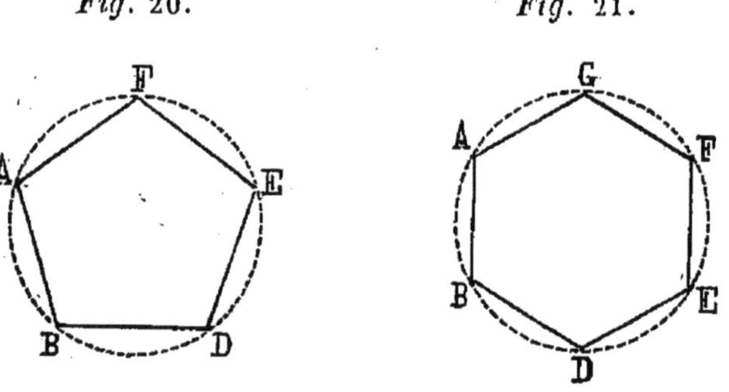

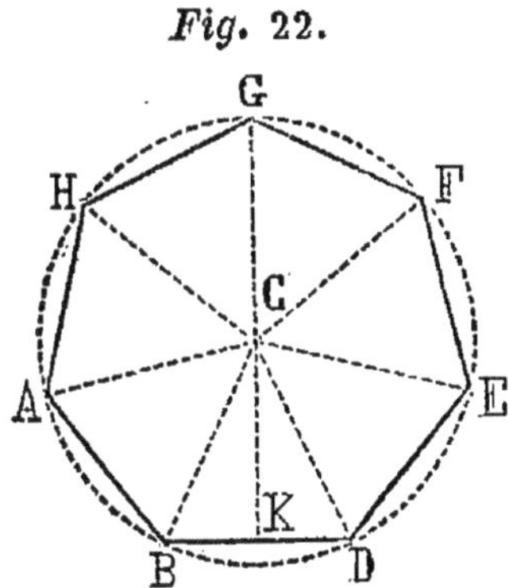

Fig. 22.

Comme on a l'habitude de donner la forme symétrique de ces figures aux bassins, aux fontaines, aux places publiques, etc., il est bon, avant d'apprendre à les mesurer, de voir de quelle manière on les trace.

21.

Manière de décrire un polygone régulier, pentagone, hexagone, etc.

On décrit une circonférence de cercle, on la partage en autant de parties égales qu'on veut donner de côtés au polygone; ensuite on mène les lignes AB, BD, DE, etc., par les points A, B, D, E, etc. (*fig.* 20, 21, 22), qui partagent la circonférence : on a le polygone cherché, qu'on nomme ou *pentagone*, ou *hexagone*, ou *heptagone*, ou *octogone*, ou *ennéagone*, ou *décagone*, *etc.*, suivant qu'il a ou cinq, ou six, ou sept, ou huit, ou neuf, ou dix, etc., côtés.

22.

Mesure de la surface d'un polygone régulier; l'apothème est la perpendiculaire abaissée du centre de la figure sur un de ses côtés.

Pour avoir la mesure d'un polygone régulier, on pourrait employer la méthode qu'on a déjà donnée (13) pour toutes les figures rectilignes; mais pour y arriver plus rapidement, on partage le polygone en triangles égaux, qui aient tous le centre C pour sommet. Prenant ensuite un de ces triangles, CBD par exemple (*fig.* 22, et tirant sur la base BD la perpendiculaire CK, nommée *apothème du polygone*, l'aire du triangle vaudra le produit de la base BD par la moitié de CK, et ce produit, pris autant de fois que le polygone a de côtés, donne l'aire de la figure entière.

23.

Le triangle équilatéral est celui qui a les trois côtés égaux; manière de le décrire.

En partageant la circonférence du cercle en trois parties égales, on forme un triangle nommé communément *triangle équilatéral*; en partageant la circonférence en quatre parties égales, on forme un carré : mais ces deux figures, les plus simples de tous les polygones, peuvent aisément se tracer, sans qu'il soit nécessaire d'avoir recours à la division du cercle; c'est ce qu'on a déjà vu (9) pour le carré. Pour décrire un triangle équilatéral sur une base donnée AB (*fig.* 23), il faut, des points A et B comme centres, et d'une ouverture de compas égale à AB, tracer les arcs DCE et GCH; ensuite des points A et B mener les lignes AC, BC, au point C, section commune des deux arcs DCE, GCH, et sommet du triangle.

Fig. 23.

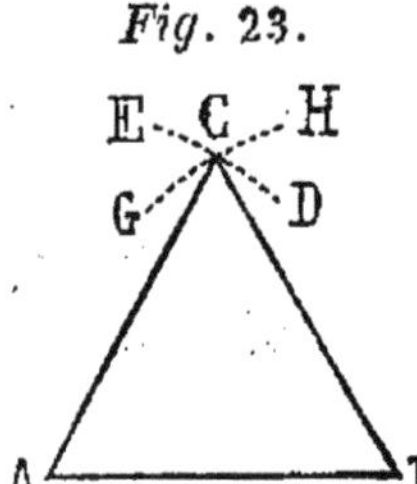

24.

Manière de tracer un pentagone régulier.

A la méthode de décrire géométriquement le triangle équilatéral et le carré, les premiers de tous les polygones, je pourrais joindre celle de tracer géométriquement un pentagone, comme plusieurs auteurs l'ont fait dans les Éléments qu'ils nous ont donnés; mais parce que les commençants, pour qui seuls nous travaillons ici, n'apercevraient qu'avec peine la route qu'a dû suivre l'esprit en cherchant la manière de tracer cette figure, route que l'algèbre nous met à portée de découvrir, nous nous croyons obligés de renvoyer la description du pentagone au Traité qui suivra celui-ci, et dans lequel on joindra cette description à celle de tous les autres polygones qui auront un plus grand nombre de côtés, et qui, sans le secours de l'algèbre, ne pourraient être décrits géométriquement[1].

Des polygones qui ont plus de cinq côtés, et que je dis ne pouvoir être décrits que par le moyen du calcul algébrique, il en faut excepter ceux de 6, de 12, de 24, de 48, etc., côtés, et ceux de 8, de 16, de 32, de 64, etc., côtés, qu'on peut aisément décrire par les méthodes que fournit la géométrie élémentaire, comme on le verra à la fin de cette première partie.

25.

Utilité de savoir construire des figures égales à des figures données.

Je suppose que ABCDE (*fig.* 24) soit la figure d'un champ, d'un enclos, etc., dont on veut avoir la mesure. Suivant ce qu'on a vu, il faudrait partager ABCDE en triangles tels que ABC, ACD, ADE; ensuite mesurer ces triangles, après avoir abaissé les perpendiculaires EF, CH, BG : mais si dans l'espace ABCDE il se trouve quelque obstacle, une élévation par exemple, un bois, un étang, etc., qui empêche qu'on ne mène les lignes

Fig. 24.

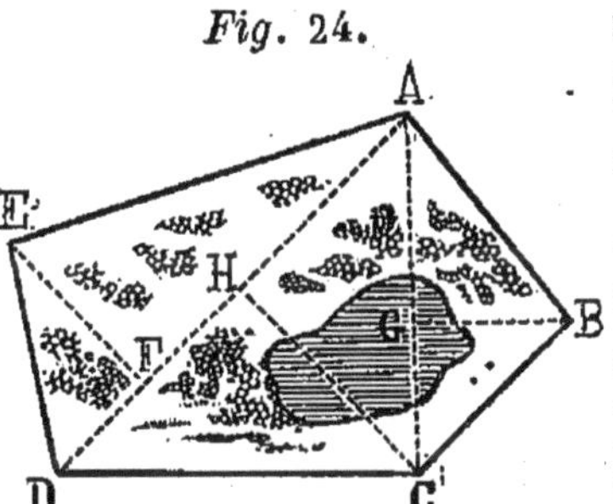

1. Pour inscrire un pentagone régulier, il faut partager le rayon du cercle en moyenne et extrême raison, et porter le plus grand segment de ce rayon dix fois comme corde sur la circonférence.

dont on aura besoin, que faudra-t-il faire alors? Quelle méthode faudra-t-il suivre pour remédier à l'inconvénient du terrain? Celle qui se présente d'abord à l'esprit, c'est de choisir quelque terrain plat, sur lequel on puisse opérer facilement, et de décrire sur ce terrain des triangles égaux aux triangles ABC, ACD, etc. Voyons comment on s'y prendra pour former les nouveaux triangles.

26.

Construire un triangle égal à un triangle donné dont on connaît les trois côtés.

Commençons par supposer que l'obstacle se trouve dans l'intérieur du triangle ABC (*fig.* 25), dont les côtés seront connus, et qu'on veuille tracer un triangle égal sur le terrain choisi : d'abord, on décrira une ligne DE égale au côté AB (*fig.* 25 et 26); ensuite, prenant une corde de la longueur BC et fixant une de ses extrémités en E, on décrira l'arc IFG, qui aura la corde pour rayon; et par le moyen d'une autre corde, prise égale à AC, et dont on attachera pareillement un des bouts en D, on tracera l'arc KFH, qui coupera le premier au point F. Alors menant les lignes DF et FE, on aura un triangle DEF égal au triangle proposé ABC; ce qui est évident : car les côtés DF et EF, qui s'uniront au point F, étant respectivement égaux aux côtés AC et BC, unis au point C, et la base DE ayant été prise égale à AB, il ne serait pas possible que la position

Fig. 25.

Fig. 26.

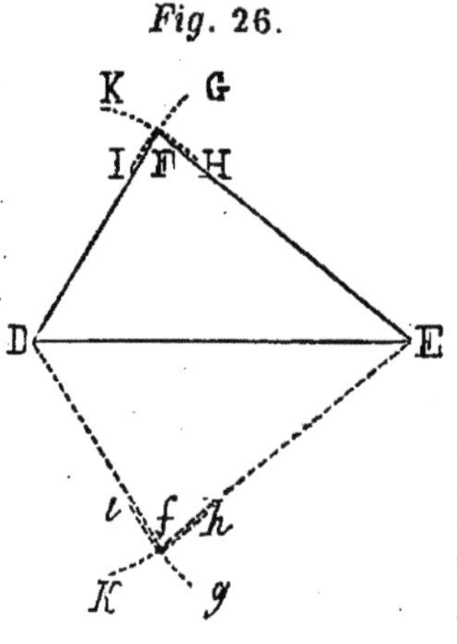

des lignes DF et EF sur DE fût différente de la position des lignes AC et BC sur AB. Il est vrai qu'on pourrait prendre les lignes D*f*, E*f*, au-dessous de DE; mais le triangle se trouverait encore le même, il serait simplement renversé.

27.

Un angle est l'inclinaison d'une ligne sur une autre.

Si l'on ne pouvait mesurer que deux des trois côtés du triangle ABC (*fig.* 27), les deux côtés AB, BC par exemple, il est clair qu'avec cela seul on ne pourrait pas déterminer un second triangle égal à ABC (*fig.* 27 et 28);

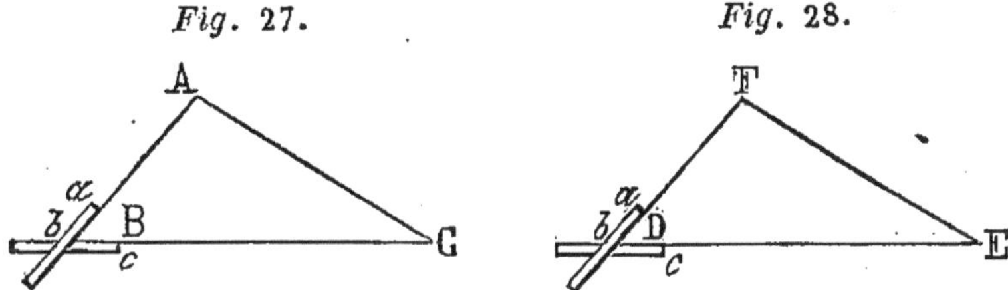

Fig. 27. *Fig.* 28.

car, bien que l'on ait pris DE (*fig.* 28) égal à BC et DF égal à BA, on ne sait quelle position donner à celle-ci, relativement à l'autre. Pour lever cette difficulté, la ressource qui se présente est simple : on fait pencher DF de la même manière sur DE que AB penche sur BC; ou, pour s'exprimer comme les géomètres, on donne à l'angle FDE la même ouverture qu'à l'angle ABC.

28.

Faire un angle égal à un angle donné; construire un triangle égal à un triangle donné dont on connaît un angle et les deux côtés de l'angle.

Pour faire cette opération, on prend un instrument tel que *abc*, composé de deux règles qui puissent tourner autour de *b*, et l'on pose ces règles sur les côtés AB et BC : par là, elles font entre elles le même angle que les côtés AB et BC. Plaçant donc la règle *bc* sur la base DE, de manière que le centre *b* réponde au point D, et que l'ouverture de l'instrument reste toujours la même, la règle *ab* donnera la position de la ligne DF, qui fera avec la ligne DE l'angle FDE, égal à l'angle ABC. Or, la ligne DF aura été prise de même longueur que BA : donc il ne s'agira plus que de mener par F et par E la droite FE, pour avoir le triangle FED égal au triangle ABC. Pratique simple, qui suppose ce principe évident, qu'un triangle est déterminé par la longueur de deux de ses côtés et par leur ouverture; ou, ce qui revient au même, qu'un triangle est égal à un autre lorsque deux de leurs côtés sont respectivement égaux et que l'angle compris entre ces côtés est également ouvert.

29.

Autre manière de faire un angle égal à un autre; la corde d'un arc de cercle est la droite qui joint les extrémités de l'arc.

On pourrait encore faire l'angle FDE (*fig.* 29 et 30) égal à l'angle ABC, de la manière suivante :

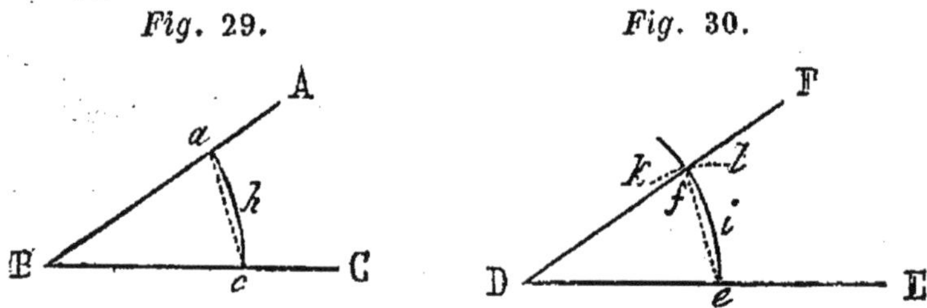

Fig. 29. *Fig.* 30.

Du centre B et d'un intervalle quelconque B*a*, on décrit un arc *ahc*; ensuite du centre D et du même intervalle, on trace l'arc *eif* : on n'a plus qu'à chercher un point *f*, qui soit placé sur l'arc *eif* de la même manière que *a* se trouvera placé sur l'arc *cha*. Or, ce point *f* se trouve facilement par la droite *ac*, qui, suivant la définition ordinaire, se nommera la *corde* de l'arc *ahc*.

Car si, du centre *e* et d'un intervalle égal à *ac*, on décrit l'arc *lfk*, l'intersection des deux arcs *eif*, *lfk* donnera le point cherché *f*.

On tire ensuite par D et par *f* la ligne D*f*F, on a l'angle FDE égal à l'angle ABC; ce qui est évident (26), puisque les triangles B*ac*, D*fe* seront égaux.

30.

Construire un triangle égal à un triangle donné dont on connaît deux angles et un côté.

Lorsqu'on veut faire le triangle FDE (*fig.* 27 et 28) égal au triangle ABC, s'il arrive qu'on ne puisse mesurer qu'un des côtés, BC par exemple, on a recours aux angles ABC et ACB. Ayant fait DE égal à BC, on place les lignes FD et FE de manière qu'elles fassent avec DE les mêmes angles que AB et AC font avec BC : alors, par la rencontre de ces lignes, on a le triangle FDE égal au triangle ABC. Le principe que suppose cette opération est de lui-même si simple, qu'il n'a pas besoin d'être démontré.

31.

Le triangle isocèle est celui qui a deux côtés égaux; les angles que ces côtés forment avec la base sont égaux entre eux.

Si des trois côtés du triangle ABC (*fig.* 31) on ne pouvait mesurer que la base BC, et qu'on sût d'ailleurs que ce triangle fût isocèle, c'est-à-dire que les deux côtés AB et AC fussent égaux, il est évident qu'il suffirait de mesurer un des deux angles ABC, ACB; car alors l'autre lui serait égal.

Fig. 31.

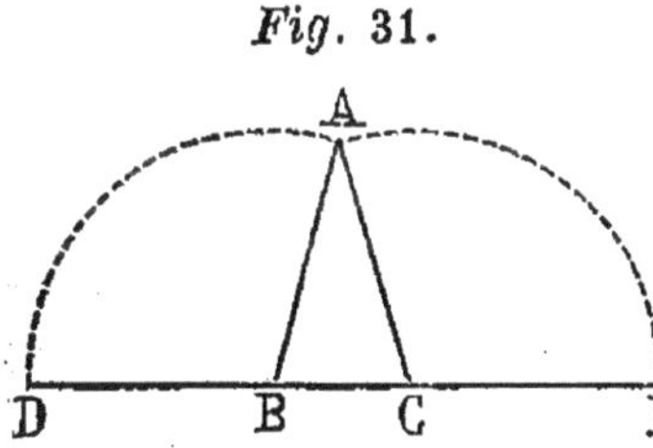

En effet, si l'on suppose que les deux côtés AB, AC

du triangle ABC soient d'abord couchés sur BD et sur CE, prolongements de la base BC, et qu'ensuite on les relève pour réunir leurs extrémités au point A, l'égalité de ces deux côtés les empêcherait de faire plus de chemin l'un que l'autre. Donc étant joints, ils pencheraient également sur la base BC; donc l'angle ABC serait égal à l'angle ACB.

32.

Construire un polygone égal à un polygone donné.

Quels que soient les obstacles que dans la mesure des terrains on rencontre dans leur intérieur, il sera facile, par la méthode précédente, de transporter sur un terrain libre tous les triangles qui partageront l'espace qu'on voudra mesurer.

Supposons, par exemple, qu'il s'agisse de mesurer un bois dont la figure soit ABCDEFG (*fig.* 32).

Fig. 32.

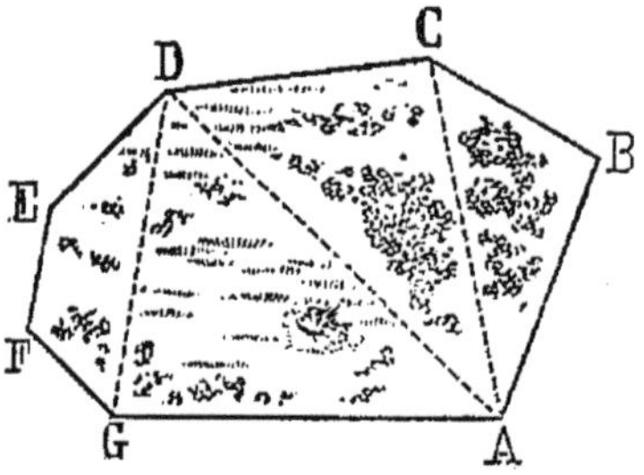

On prend d'abord un triangle égal à ABC : ce qu'on peut faire sans entrer dans l'intérieur de ce triangle, en mesurant les deux côtés AB, BC, et l'angle compris CBA.

Ce triangle décrit donnerait l'angle BCA et la longueur de AC; et comme on peut mesurer le côté extérieur DC, on aurait dans le triangle CAD les côtés DC et CA. Quant à l'angle DCA, on le trouverait en prenant d'abord l'angle IKL (*fig.* 32 et 33) égal à l'angle DCB, ensuite l'angle LKO égal à l'angle BCA, ce qui donnerait l'angle restant IKO égal à l'angle cherché DCA.

Fig. 33.

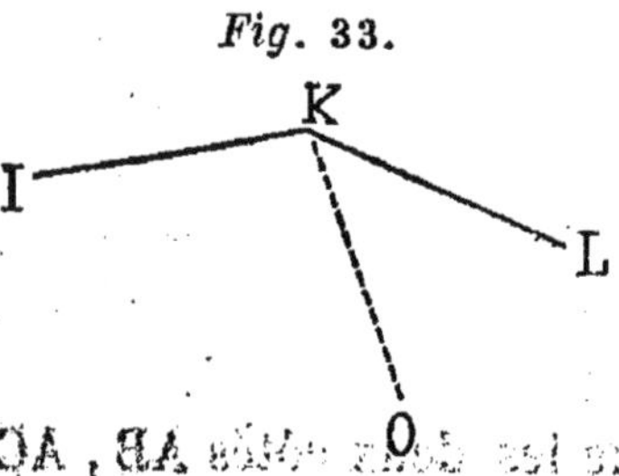

Le triangle ADC ainsi déterminé par les deux côtés DC et CA et par l'angle compris DCA, on connaîtrait de même le triangle DAG et le reste de la figure.

33.

Utilité de savoir construire des figures semblables à des figures données.

La méthode qu'on vient de donner pour mesurer les terrains dans lesquels on ne saurait tirer des lignes fait souvent naître de grandes difficultés dans la pratique. On trouve rarement un espace uni et libre assez grand pour faire des triangles égaux à ceux du terrain dont on cherche la mesure ; et même quand on en trouverait, la grande longueur des côtés des triangles pourrait rendre les opérations très-difficiles. Abaisser une perpendiculaire sur une ligne, d'un point qui en est éloigné séulement de 1 000 mètres, serait un ouvrage extrêmement pénible et peut-être impraticable. Il importe donc d'avoir un moyen qui supplée à ces grandes opérations.

Ce moyen s'offre comme de lui-même. Il vient bientôt dans l'esprit de représenter la figure à mesurer ABCDE (*fig.* 34 et 35) par une figure semblable *abcde*, mais

Fig. 34. *Fig.* 35.

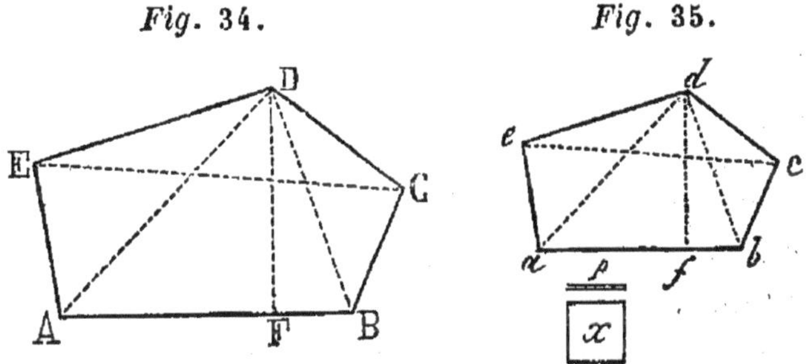

plus petite, dans laquelle, par exemple, le côté *ab* soit de 100 décimètres, si le côté AB est de 100 mètres, le côté *bc* de 45 décimètres, si BC est de 45 mètres; et de conclure ensuite que si l'étendue de la figure réduite *abcde* est de 60 000 décimètres carrés, celle de la figure ABCDE doit être de 60 000 mètres carrés.

Mais, avant toutes choses, il faut savoir en quoi consiste la ressemblance ou similitude de deux figures.

34.

En quoi consiste la similitude de deux figures.

Pour peu qu'on y réfléchisse, on reconnaîtra bientôt que les deux figures ABCDE, *abcde* (*fig.* 34 et 35), pour être semblables, doivent être telles, que les angles A, B, C, D, E, de la grande soient égaux aux angles *a*, *b*, *c*, *d*, *e*, de la petite, et que, de plus, les côtés *ab*, *bc*, *cd*, *etc.*, de la petite contiennent autant de parties *p* que les côtés AB, BC, CD, etc., de la grande contiennent de parties P.

35.

Les figures semblables ont les côtés homologues proportionnels.

Pour que deux figures soient semblables, les géomètres disent qu'il faut que les côtés AB, BC, CD (*fig.* 34, 35), etc., soient proportionnels aux côtés *ab*, *bc*, *cd*, *etc.*; ou que le côté AB contienne *ab* de la même manière que BC contient *bc*, *etc.*; ou que le côté AB soit aussi grand, par rapport à *ab*, que BC l'est par rapport à *bc*, *etc.*; ou encore, qu'il y ait même raison ou même rapport entre AB et *ab* qu'entre BC et *bc*; ou enfin, que AB soit à *ab* comme BC à *bc*, *etc.* Toutes ces expressions sont synonymes.

36.

Manière de faire une figure semblable à une autre.

Après avoir vu en quoi consiste la similitude de deux figures, cherchons quel est le procédé qui se présente le plus naturellement pour tracer une figure semblable à une autre. Pour cela, représentons-nous un dessinateur qui veut copier une figure en la réduisant.

D'abord prenant *ab* pour représenter la base AB de la figure à copier ABCDE, il incline sur *ab* les côtés *ae* et *bc* de la même quantité que AF et BC sont inclinés sur AB, en ayant soin que les longueurs de *ae* et de *bc* soient à celle de *ab* comme les longueurs de AE et de BC sont à celle de AB; c'est-à-dire que si AE, par exemple, est la moitié de AB, il fait *ae* égal à la moitié de *ab*, et qu'il en use de même pour déterminer la longueur de *bc* relativement à BC.

Ayant ainsi déterminé les points *e* et *c*, il trace deux lignes *ed* et *cd*, qu'il incline sur *ea* et sur *cb* de la même manière que ED et CD sont inclinés sur EA et sur CB; et, prolongeant ces lignes jusqu'à ce qu'elles se rencontrent en *d*, il achève sa figure *abcde*.

37.

Utilité de connaître les conditions de similitude de deux figures.

En réfléchissant sur cette construction, on voit qu'elle n'est appuyée que sur l'égalité qui est entre les angles E, A, B, C, et *e*, *a*, *b*, *c*, et sur la proportionnalité des côtés EA, AB, BC, et des côtés *ea*, *ab*, *bc*; qu'ainsi la figure se trouve finie sans qu'on ait pris l'angle *d* égal à l'angle D, ni les côtés *ed*, *cd*, proportionnels aux côtés ED, CD; réflexion qui d'abord pourrait faire craindre que l'angle *d* ne fût pas effectivement égal à l'angle D, ni les côtés *ed*, *cd*, proportionnels aux côtés ED, CD, et que, par conséquent, la figure *abcde* ne se trouvât pas entièrement semblable à la figure ABCDE. Mais n'eût-on que l'expérience pour se rassurer, ce doute se dissiperait bientôt; ensuite, avec un peu d'attention, on sent que de l'égalité respective des quatre angles E, A,

B, C, et *e*, *a*, *b*, *c*, et de la proportionnalité des trois côtés EA, AB, BC, et *ea*, *ab*, *bc*, résultent nécessairement l'égalité des angles D, *d*, et la proportionnalité des côtés ED, CD, et *ed*, *cd*.

Cependant, pour écarter tout soupçon, démontrons que toutes les conditions que demande la similitude de deux figures sont nécessairement dépendantes les unes des autres; ce qu'il nous sera facile de faire en examinant d'abord les triangles, qui sont les figures les plus simples, et qui entrent nécessairement dans la composition de toutes les autres; examen qui nous conduira à toutes les propriétés et à tous les usages des figures semblables.

38.

Si deux angles d'un triangle sont égaux à deux angles d'un autre triangle, le troisième angle de l'un égale le troisième angle de l'autre.

Supposons que sur la base *ab* (*fig.* 36 et 37) on trace le triangle *abc*, en ne prenant que les angles *cab*, *cba*

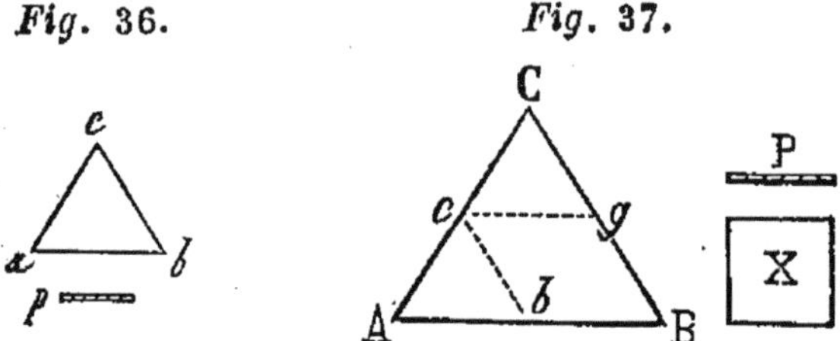

Fig. 36. *Fig.* 37.

égaux aux angles CAB, CBA du triangle ABC; on s'assurera premièrement que le troisième angle *acb* égalera le troisième angle ACB.

Car, soit posé le triangle *abc* sur le triangle ABC, de manière que le point *a* se trouve sur le point A, *ab* sur AB, *ac* sur AC; il est clair que *cb* sera parallèle à CB, et cela parce que le côté *cb*, prolongé, ne pourrait rencontrer le côté CB, que les deux lignes ne penchassent inégalement sur AB, et que, par conséquent, les angles *cb*A et CBA fussent inégaux ; ce qui serait contre la supposition.

Comme de l'égalité des angles *cba* et CBA il résultera que les lignes *cb*, CB seront parallèles, du parallélisme de ces lignes il résultera aussi que les angles A*cb*, ACB seront égaux; ce qu'il s'agissait de prouver.

39.

Deux triangles dont les angles sont respectivement égaux ont leurs côtés homologues proportionnels.

Maintenant démontrons que les côtés homologues, c'est-à-dire qui se répondent dans deux triangles *acb* et ACB (*fig.* 36 et 37), qui ont les mêmes angles, sont proportionnels.

Pour fixer nos idées, supposons d'abord que *ab* soit la moitié de AB ; il faudra que nous prouvions que *ac* sera aussi la moitié de AC, et *bc* la moitié de BC. Que *acb*, ainsi que dans le numéro précédent, ait encore la position A*cb* : si l'on mène *cg* parallèle à AB, il est clair que cette ligne égalera *b*B ou A*b*, et que *g*B égalera de même *cb*. Or, comme les angles C*gc* et C*cg* seront manifestement égaux aux angles *cb*A et *c*A*b*, le triangle C*cg* égalera le triangle *c*A*b* (30). Donc on aura C*c* égal à A*c*, et C*g* égal à *cb* ou à *g*B; donc A*c* ou *ac* sera moitié de AC, et *cb* moitié de CB.

Si *ab* (*fig.* 36 et 38) était contenu trois, quatre, ou tel autre nombre de fois qu'on voudrait, dans AB, il serait également facile de démontrer que *ac* serait contenu le même nombre de fois dans AC, et *cb* dans CB. Car des points de division *b*, *f* de la base AB, menant *bc*, *fh*, *etc.*, parallèles à BC, on pourrait placer le long de AC, trois,

Fig. 38.

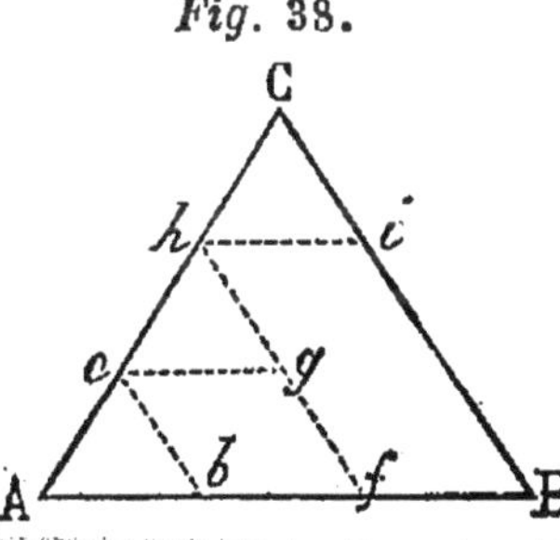

quatre, etc., triangles A*cb*, *chg*, *h*C*i*, *etc.*, égaux aux triangles *acb*, A*cb*.

Mais que *ab* (*fig.* 36 et 39), au lieu d'être contenu exactement un certain nombre de fois dans AB, n'y fût contenu qu'avec quelque fraction, deux fois et demie par exemple, on prouverait que *ac* serait aussi contenu deux fois et demie dans AC, et *bc* deux fois et demie dans BC.

Fig. 39.

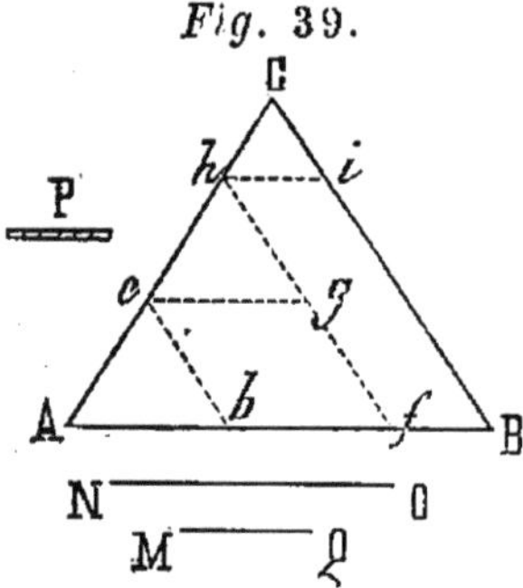

Car, lorsque par le moyen des parallèles *bc*, *fh*, on aurait placé le long de AC les deux triangles A*cb*, *chg*, égaux à *acb*, il resterait entre les deux parallèles *hf* et CB de quoi placer un triangle C*hi*, dont les côtés seraient moitié des côtés de *c*A*b*; ce qui est évident, puisque, par la supposition, *f*B serait la moitié de A*b* et que la base *hi* du triangle C*hi* égalerait *f*B, à cause des parallèles *hf*, CB. Donc, en général, lorsque deux triangles ABC, *abc*, ont les mêmes angles, ces triangles, nommés *triangles semblables*, ont leurs côtés proportionnels, ou, ce qui revient absolument au même, les côtés AB, BC, AC, de l'un de ces triangles ABC contiennent le même nombre de parties P que les côtés *ab*, *bc*, *ac*, de l'autre triangle *abc* contiennent de parties *p*, P étant le décimètre, le mètre, etc., ou, en général, l'échelle avec laquelle ABC a été construit, et *p* celle dont on s'est servi en construisant *abc*.

40.

Diviser une ligne en autant de parties égales qu'on voudra.

De la proposition que nous venons de démontrer, se tire naturellement la solution d'un problème souvent utile dans la pratique.

On demande qu'une ligne soit divisée en un nombre donné de parties égales; ce qui se pourrait faire, à la vérité, en tâtonnant, mais jamais avec cette sûreté que donne l'exactitude géométrique.

Supposons, par exemple, qu'on ait à diviser AB (*fig.* 38) en trois parties égales : on commence par tirer une ligne indéfinie AC, qui fasse un angle quelconque avec AB; ensuite on porte sur cette ligne trois parties égales A*c*, *ch*, *h*C, d'une ouverture de compas prise à volonté; puis on tire CB, et l'on mène à cette droite les parallèles *cb*, *hf* : par là, AB, coupée aux points *b* et *f*, se trouve partagée en trois parties égales; ce qui est clair par le numéro précédent.

41.

Moyen de trouver une quatrième proportionnelle à trois lignes données.

Si l'on voulait diviser une ligne en un nombre fractionnaire de parties, comme deux et demie, trois et un quart, etc., ou bien qu'on proposât, en général, de diviser la ligne AB au point *b*, en sorte que AB fût à A*b* comme la ligne NO (*fig.* 39) est à la ligne MQ, on voit encore que la solution du problème dépendrait du n° 39, c'est-à-dire qu'il faudrait tirer par A une droite quelconque, prendre sur cette droite A*c* et AC respectivement égales à MQ et à NO, et ensuite mener *cb* parallèle à CB; alors le point *b* serait le point cherché.

Les géomètres énoncent de cette autre manière le problème que nous venons de résoudre : Trouver à trois lignes NO, MQ, AB, une quatrième proportionnelle.

42.

Les hauteurs des triangles semblables sont proportionnelles à leurs côtés.

Il est évident que deux triangles semblables ABC, *abc* (*fig.* 40 et 41), auront non-seulement leurs côtés pro-

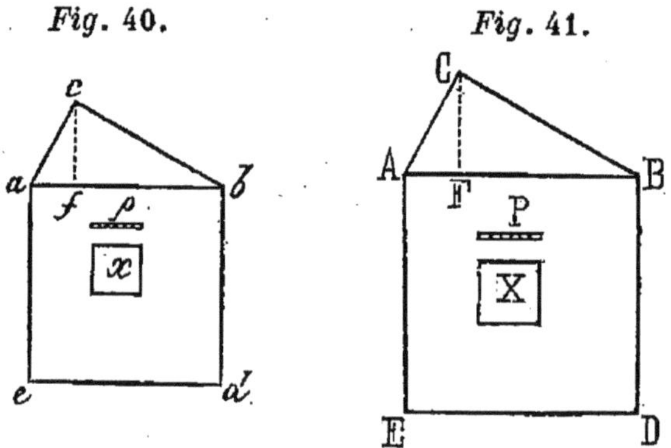

portionnels, mais que les perpendiculaires CF, *cf*, qu'on abaissera des sommets C, *c* sur les bases AB, *ab*, suivront encore la proportion des côtés : ce qu'il est si facile de démontrer par ce qui précède, que nous négligerons de nous y arrêter.

43.

Comparaison des aires des figures semblables.

Quant à l'aire des triangles semblables ABC, *abc* (*fig.* 40 et 41), on voit que celle du premier contiendra autant de carrés X faits sur la mesure P que l'aire du second contiendra de carrés *x* faits sur la mesure *p*. Car comme CF et AB auront, par le numéro précédent, autant de parties P que *cf* et *ab* auront de parties *p*, la moitié du produit de CF par AB, mesure de ABC (14), donnera le même nombre que celui qui résultera de la moitié du produit de *cf* par *ab*, mesure de *abc*, mais avec cette différence, que CF et AB se comptant en parties P, leur produit se comptera en carrés X, et que *cf* et *ab*, qui se compteront en parties *p*, donneront un produit qui se comptera en carrés *x*.

44.

Les aires des triangles semblables sont proportionnelles aux carrés des côtés homologues.

Ce que nous venons de dire sur la mesure des triangles semblables sert de preuve à une proposition qui, dans les éléments de Géométrie, s'énonce ordinairement ainsi : Les triangles semblables ABC, *abc* (*fig.* 40 et 41), sont entre eux comme les carrés ABDE, *abde*, de leurs côtés homologues ou correspondants AB, *ab*.

La démonstration que renferme le numéro précédent mène absolument à cette conséquence ; car le carré ABDE contenant autant de X que *abde* contient de *x*, il est évident que les deux nombres de carrés X, qui expriment le rapport du triangle ABC au carré ABDE, sont les mêmes que les nombres de carrés *x* qui donnent le rapport du triangle *abc* au carré *abde*, ou, ce qui revient au même, que le triangle ABC est au carré ABDE comme le triangle *abc* est au carré *abde*.

De là il suit que si, par exemple, le côté AB était double du côté *ab*, le triangle ACB serait quadruple du triangle *acb* ; que si AB était triple de *ab*, le triangle ACB serait neuf fois plus grand que le triangle *acb*, *etc.* : car AB ne peut être double de *ab*, que le carré ABDE ne soit quadruple du carré *abde*, *etc.*

45.

Propriétés des figures semblables tirées de celles des triangles.

Pour passer présentement des triangles aux autres figures, supposons qu'à chacun des triangles semblables

ABD, *abd* (*fig.* 34 et 35), on joigne deux autres triangles ADE et BDC, *ade* et *bdc*, les deux premiers semblables aux deux autres; on verra que dans les figures totales ABCDE, *abcde* :

1° Les angles A, B, C, D, E seront les mêmes que les angles *a*, *b*, *c*, *d*, *e*; ce qui est clair, puisque les uns et les autres seront, ou des angles correspondants de triangles semblables, ou des angles composés de ces angles correspondants.

2° On verra que le rapport des côtés homologues ou correspondants DE, *de*, BC, *bc*, *etc.*, des figures ABCDE, *abcde*, sera nécessairement le même, c'est-à-dire que si P, par exemple, se trouve un certain nombre de fois dans la base AB, et que *p* se trouve le même nombre de fois dans *ab*, P et *p* seront aussi contenus un même nombre de fois dans deux côtés homologues quelconques DE et *de*. Car, par la similitude des triangles ABD, *abd*, la quantité de P que renfermera AD égalera la quantité de *p* renfermée dans *ad*; alors regardant ces côtés comme les bases des triangles semblables ADE, *ade*, le nombre de parties P contenues dans DE sera le même que le nombre de parties *p* que contiendra le côté *de*.

3° On verra encore que si dans les deux figures on tirait des lignes qui se répondissent, telles que CE, *ce*, ou les perpendiculaires DF, *df*, *etc.*, ces lignes seraient toujours entre elles comme les côtés homologues des deux figures.

Donc les figures ABCDE, *abcde* seront entièrement semblables dans toutes leurs parties.

46.

Construire un polygone égal à abcde *et par conséquent semblable à* ABCDE (*fig.* 34 et 35).

La figure *abcde* ainsi décrite étant parfaitement semblable à la figure ABCDE, il est évident que si l'on voulait tracer de nouveau une figure entièrement égale à *abcde*, et par conséquent encore semblable à ABCDE, il serait inutile de mesurer tous les côtés et tous les angles de *abcde*; qu'il suffirait, par exemple, de prendre les trois côtés *ab*, *ea*, *bc*, et les quatre angles *e*, *a*, *b*, *c*, et qu'avec cela seul on serait sûr de retracer la même figure *abcde*, semblable à ABCDE; ce qui forme une démonstration complète de ce qu'on n'avait fait que présumer (37). Mais on peut aller plus loin; car il est clair qu'on aura toujours différentes manières de combiner la quantité d'angles et de lignes qu'on doit nécessairement mesurer dans une figure quelconque, pour en faire une autre qui lui soit proportionnelle. Ce serait fatiguer le lecteur que d'entrer dans un plus grand détail.

47.

Les aires des figures semblables sont entre elles comme les carrés des côtés homologues.

On démontrerait, par des raisonnements semblables à ceux du nº 43, que le nombre des carrés X que contient la figure ABCDE est le même que celui des carrés *x* renfermés dans la figure *abcde* (*fig.* 34 et 35), et qu'ainsi les aires des figures semblables sont entre elles comme les carrés de leurs côtés homologues.

48.

Les figures semblables ne diffèrent que par les échelles sur lesquelles elles sont construites.

Tout ce qui vient d'être dit sur les figures semblables peut se réduire à ce seul et unique principe, que les figures semblables ne sont différenciées que par les échelles sur lesquelles elles sont construites.

49.

Manière de déterminer la surface d'un terrain par l'emploi des triangles semblables et des réductions.

Maintenant, pour mieux sentir l'usage qu'on doit faire des triangles semblables et des réductions, pour avoir la mesure des terrains sur lesquels on ne pourrait pas commodément opérer, figurons-nous que ABCDEF (*fig.* 42 et 43) représente le contour d'un parc, d'un étang, etc., dont on voudra déterminer l'étendue. D'abord on mesurera un des côtés de la figure, FE par exemple, et l'on verra combien ce côté aura de mètres; ensuite, prenant telle échelle qu'on voudra, on tracera sur un papier ou sur un carton une ligne *fe*, égale à autant de parties de l'échelle que FE contiendra de mètres; puis faisant les angles *def*, *dfe* égaux aux angles DEF, DFE, on aura le triangle *edf*, dans lequel on abaissera *eg* perpendiculaire sur *df*. Cela fait, et les lignes *df* et *eg* mesurées par le moyen de l'échelle, on conclura qu'autant que ces lignes contiendront de parties réduites, autant DF et EG contiendront de mètres. Ainsi, en multipliant DF par la moitié de EG, on aura la valeur du triangle EDF; et mesurant de la même manière chacun des autres triangles DCF, BCF, ABF, l'aire de la figure entière se trouvera déterminée.

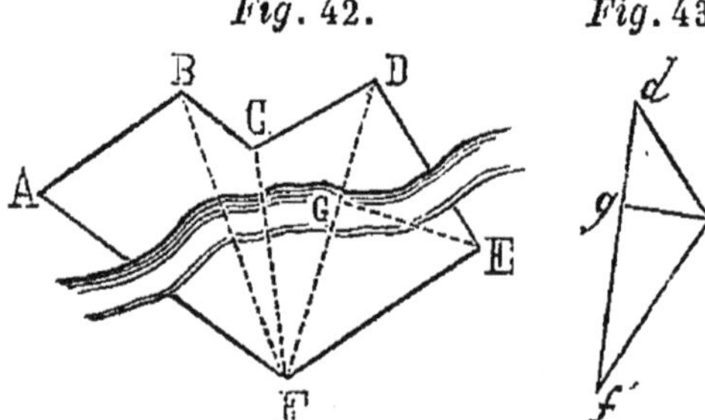

Fig. 42. *Fig.* 43.

50.

Manière de mesurer la distance d'un lieu inaccessible.

Il arrive souvent que, dans la pratique, il faut mesurer la distance du lieu F (*fig.* 42 et 43), où l'on est placé, à un autre lieu D où quelque obstacle empêche qu'on ne se transporte ; nouveau problème, mais dont la solution est déjà donnée d'avance dans le numéro qui précède celui-ci : car, puisque pour mesurer DF on n'a eu besoin que de la similitude des triangles *def* et DEF, il est clair que si l'on mesure une base quelconque EF, et que des points F et E on puisse apercevoir le point D, le problème sera résolu, c'est-à-dire qu'on aura la distance FD.

51.

Utilité de pouvoir mesurer exactement les angles.

L'usage qu'on peut faire des instruments particuliers, tels que *b*A*c* (*fig.* 44), que j'ai dit (28) composé de deux branches unies au point A, autour duquel elles ont la liberté de tourner, expose souvent à bien des mécomptes. Tantôt l'ouverture de l'angle s'altérera dans le transport; tantôt la forme qu'on est obligé de donner à l'instrument pour en faciliter l'usage empêchera qu'on ne puisse l'appliquer sur le plan où devra se faire la réduction.

Fig. 44.

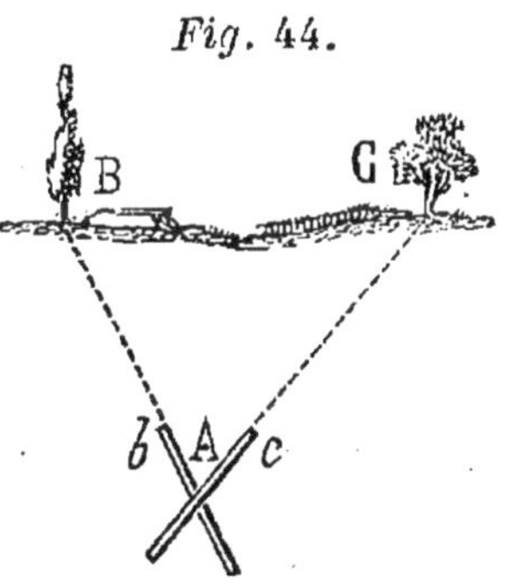

Ajoutons à cela que chaque nouvel angle BAC qu'on prend de cette façon demande qu'on transporte de nouveau l'instrument sur le papier, et que la seule ressource qu'on ait pour comparer deux angles est de les poser l'un sur l'autre, sans que, par ce moyen, on puisse avoir au juste ni leur rapport ni leur grandeur absolue.

52.

Un angle a pour mesure l'arc de cercle que ses côtés interceptent.

Il était donc nécessaire de chercher une mesure fixe pour les angles, comme on en avait déjà une pour les longueurs. Il a été facile de découvrir cette mesure. En effet, supposons, Ab (*fig.* 45) restant fixe, qu'on lui applique d'abord le côté Ac, qu'ensuite on fasse tourner ce côté autour de A : il est clair que si l'on adapte à l'extrémité c de la branche mobile Ac ou une plume ou un crayon, qui donne moyen de rendre sensible la trace du point c, cette trace, qui formera un arc de cercle, donnera exactement la mesure de l'angle pour chaque ouverture particulière des côtés Ab, Ac, c'est-à-dire qu'à cause de l'uniformité de la courbure du cercle, il arrivera nécessairement qu'à une ouverture double, triple, quadruple de cAb, répondra un arc double, triple, quadruple de cb.

Fig. 45.

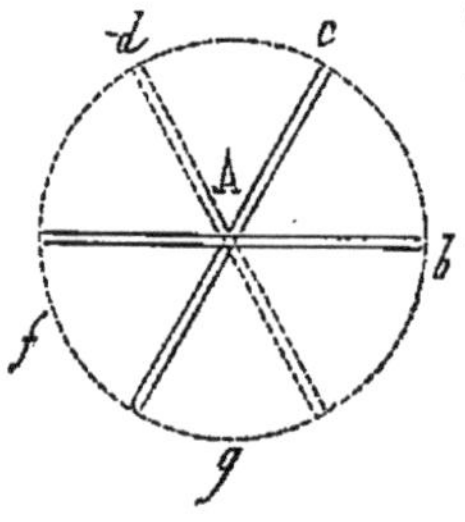

d c A b f g

53.

La circonférence est partagée en 360 *degrés, et chaque degré en* 60 *minutes, etc.*

Supposant donc que la circonférence $bcdfg$, décrite par la révolution entière du point c, soit divisée en un nombre quelconque de parties égales, le nombre des parties contenues dans l'arc qu'intercepteront les lignes Ac et Ab mesurera exactement l'ouverture de ces lignes, ou l'angle cAb qu'elles formeront.

Les géomètres sont convenus de diviser la circonférence en 360 parties qu'on appelle degrés, chaque degré en 60 minutes, chaque minute en 60 secondes, etc. Ainsi, un angle *bAc*, par exemple, aura 70 degrés 20 minutes, si l'arc *bc*, qui lui servira de mesure, a 70 des 360 parties du cercle, et de plus 20 soixantièmes parties d'un degré [1].

54.

L'angle droit a 90 *degrés et ses côtés sont perpendiculaires l'un à l'autre.*

Fig. 46.

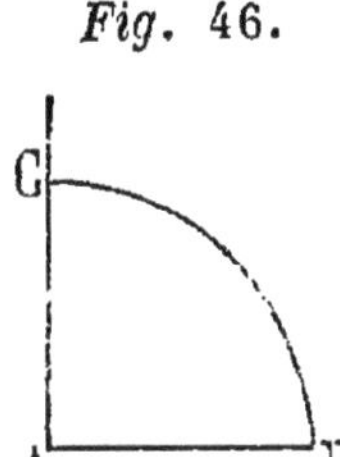

De là, il suit qu'un angle CAB (*fig.* 46) de 90 degrés, nommé communément *angle droit*, est celui dont les côtés AC et AB interceptent le quart BC de la circonférence, et sont perpendiculaires l'un à l'autre.

55.

Un angle aigu est plus petit qu'un angle droit.

Fig. 47.

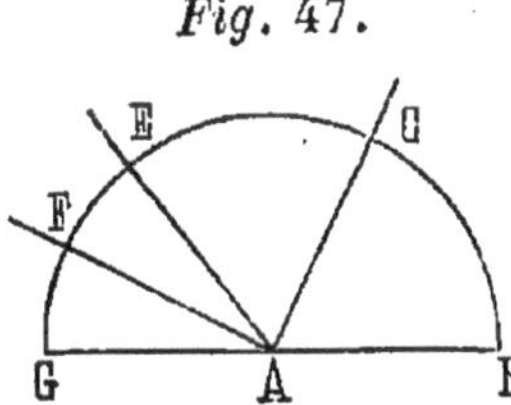

On appelle *angle aigu* tout angle plus petit qu'un angle droit, ou qui a moins de 90 degrés : tels sont les angles CAB, FAG, EAG (*fig.* 47).

1. On indique les degrés par °, les minutes par ′, les secondes par ″, que l'on met à la droite des nombres énoncés : ainsi 30 degrés 15 minutes 8 secondes s'écrivent 30° 15′ 8″.

56.

Un angle obtus est plus grand qu'un angle droit.

Au contraire, on appelle *angle obtus* celui qui a plus de 90 degrés, comme FAB (*fig.* 47).

57.

La somme des angles faits du même côté sur une ligne droite et qui ont le même sommet vaut 180 *degrés.*

Il est évident que tous les angles, comme GAF, FAE, EAC, CAB (*fig.* 47), qu'on peut faire du même côté sur une ligne droite GB, et qui ont le même sommet A, sont égaux, pris ensemble, à 180 degrés, ou à deux angles droits, mesurés par la demi-circonférence.

58.

Tous les angles qu'on peut faire tourner autour d'un même point sont égaux, pris ensemble, à quatre angles droits.

Fig. 48.

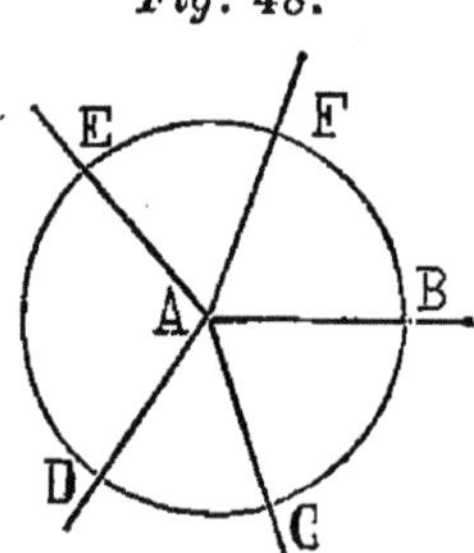

De même, la somme de tous les angles EAF, FAB, BAC, CAD, DAE (*fig.* 48), qu'on peut faire autour du point A, qui leur sert de sommet commun, est égale à 360 degrés, ou à quatre angles droits, mesurés par la circonférence entière BCDEF.

59.

Usage du demi-cercle pour prendre la grandeur des angles.

Après avoir trouvé que les angles ont les parties du cercle pour mesure, voyons comment on s'y prend pour déterminer ce qu'un angle qu'on veut mesurer contient de degrés.

On se sert d'un instrument I (*fig.* 49) qu'on appelle *demi-cercle* : cet instrument est composé de deux règles EAC, DAB d'égale longueur, qui se croisent en A, et qui sont chargées de pinnules à leurs extrémités. L'une de ces règles EC, qu'on nomme *alidade*, est mobile autour de A, et l'autre DB est fixe, et sert de diamètre à un demi-cercle DCB divisé en 180 degrés, etc.

Fig. 49.

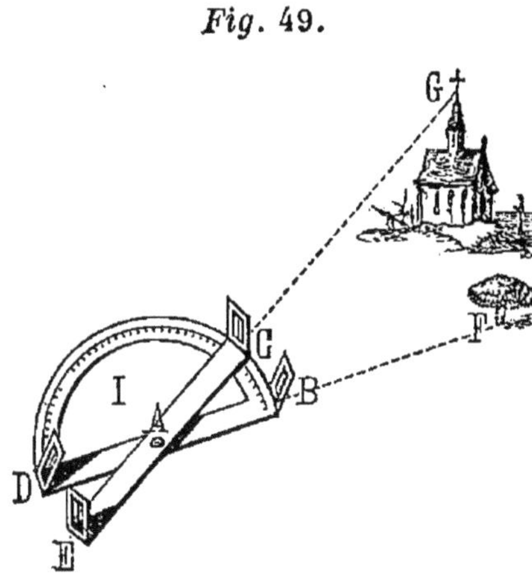

Or, veut-on connaître l'angle que forment deux lignes droites tirées du lieu où l'on est à deux objets quelconques F, G : on place d'abord la règle fixe DAB de manière que l'œil, placé en D, aperçoive un des deux objets F par les deux pinnules D et B; ensuite, sans remuer l'instrument, on tourne l'alidade jusqu'à ce que l'œil, placé en E, aperçoive l'autre objet G par les pinnules E et C; et alors l'alidade marque sur le demi-cercle gradué le nombre des degrés, minutes, etc., que contient l'angle proposé GAF.

60.

Usage du rapporteur pour faire un angle d'un nombre déterminé de degrés.

Si l'on veut faire sur le papier un angle d'un nombre déterminé de degrés, on se sert d'un instrument K (*fig.* 50), divisé en 180 degrés, qu'on appelle *rapporteur* ou *transporteur*, et posant le centre A sur le sommet de l'angle qu'on veut tracer, et la ligne

Fig. 50.

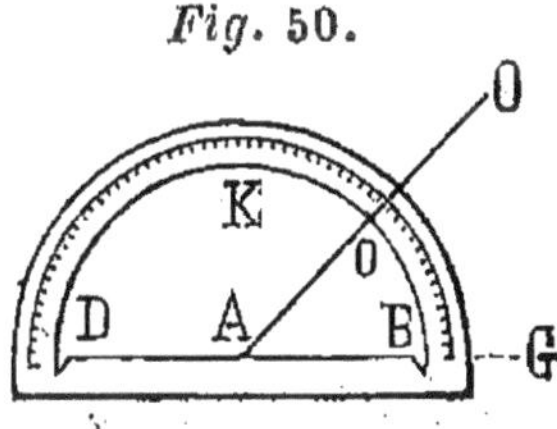

AB sur la ligne AG qu'on prend pour un des côtés de l'angle, on remarque le point C qui répond au nombre des degrés qu'on veut donner à l'angle proposé; puis par ce point et par le centre A, tirant la ligne ACO, on a l'angle OAG, qui contient le nombre de degrés demandé.

61.

Usage du demi-cercle et du rapporteur pour faire sur le papier un triangle semblable à un triangle pris sur le terrain.

Supposons maintenant qu'ayant pris une base FG (*fig.*51 et 52) sur le papier, on veuille faire sur cette base

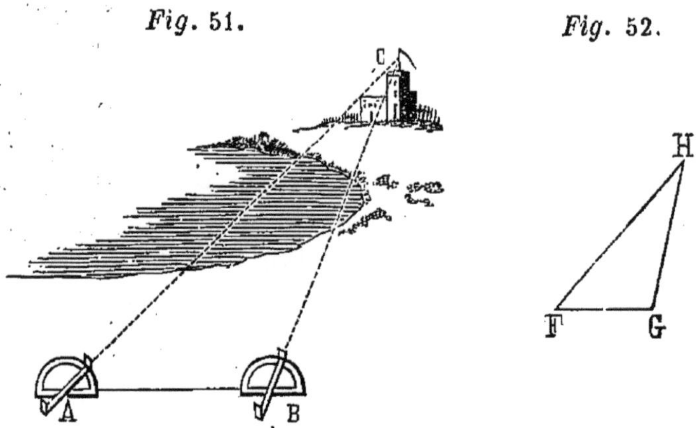

Fig. 51. *Fig.* 52.

un triangle FGH semblable au triangle ABC pris sur un terrain. On se servira du demi-cercle pour savoir ce que chacun des angles CAB, CBA contiendra de degrés; ensuite, par le moyen du rapporteur, on fera les angles HFG et HGF respectivement égaux aux angles CAB et CBA; et parce qu'alors le point H, auquel les côtés FH et GH se réuniront, sera nécessairement déterminé par l'opération, aussi bien que l'angle FHG, on aura le triangle FGH, entièrement semblable au triangle ABC.

62.

Manière de vérifier la mesure des angles.

Comme il importe dans la pratique, ainsi que nous l'avons déjà dit, que les angles soient exactement mesurés, il ne faut pas se contenter de les prendre, même avec les instruments les plus parfaits ; il faut encore trouver le moyen de vérifier leurs mesures, pour en faire la correction, s'il était nécessaire. Or ce moyen est simple et facile. Reprenons le triangle ABC (*fig.* 51). On sent que la grandeur de l'angle C doit résulter de celle des angles A et B; car, lorsqu'on augmente ou qu'on diminue ces angles, la position des lignes CA, BC change, et par conséquent l'angle C que ces lignes font entre elles. Or, si cet angle dépend de la grandeur des angles A et B, on doit présumer que ce que les angles A et B renferment de degrés doit déterminer le nombre des degrés que doit renfermer l'angle C, et qu'ainsi il pourra servir de vérification aux opérations qu'on aura faites pour déterminer les angles A et B, puisqu'on sera sûr qu'on aura bien mesuré les angles A et B si, en mesurant ensuite l'angle C, on lui trouve le nombre des degrés qui lui conviendront relativement à la grandeur des angles A et B.

Pour trouver comment de la grandeur des angles A et B on peut conclure celle de l'angle C, examinons ce qui arriverait à cet angle si les lignes AC, BC venaient ou à s'approcher ou à s'écarter l'une de l'autre. Supposons, par exemple, que BC (*fig.* 53), tournant autour du point B, s'écarte de AB pour s'approcher de BE : il est clair que pendant que BC tournerait, l'angle B s'ouvrirait continuellement, et qu'au contraire l'angle C se resserrerait de plus

Fig. 53.

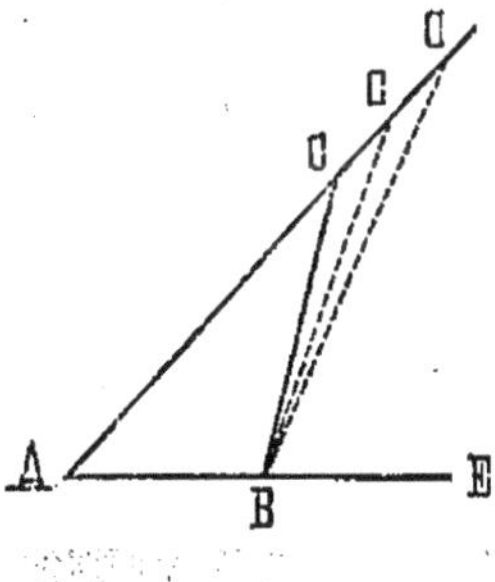

en plus; ce qui d'abord pourrait faire présumer que, dans ce cas, la diminution de l'angle C égalerait l'augmentation de l'angle B, et qu'ainsi la somme des trois angles A, B, C serait toujours la même, quelle que fût l'inclinaison des lignes AB, BC, sur la ligne AE.

63.

Les angles alternes sont les angles renversés que forme de part et d'autre une droite qui tombe sur deux parallèles. Ces angles sont égaux.

Cette induction présumée porte avec elle sa démonstration; car, menant ID (*fig.* 54) parallèle à AC, on voit, premièrement, que les angles ACB et CBD, appelés *angles alternes*, sont égaux : ce qui est évident, puisque les lignes AC et IB étant parallèles, elles sont également inclinées sur CBO, et qu'ainsi l'angle IBO égale l'angle ACB. Mais l'angle IBO égale aussi l'angle CBD, parce que la ligne ID n'est pas plus inclinée sur CO d'un côté que de l'autre : donc l'angle DBC, égal à l'angle IBO, égalera l'angle ABC, son alterne.

Fig. 54.

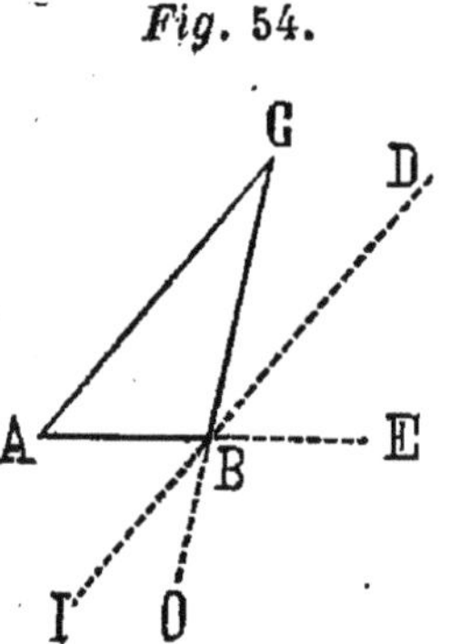

64.

La somme des trois angles d'un triangle est égale à deux angles droits.

On voit, en second lieu, que l'angle CAE (*fig.* 54) est égal à l'angle DBE, à cause des parallèles CA et DB. Donc les trois angles du triangle étant mis à côté les uns des autres, et unis par leurs sommets au point B, on voit que les trois angles DBE, CBD et CBA, qui égalent les trois angles CAB, ACB et CBA, sont égaux à deux angles droits (57). Or, comme tout ce que nous venons de dire peut également s'appliquer à quelque triangle que ce soit, on sera assuré de cette propriété générale, que la somme des trois angles d'un triangle est constamment la même, et qu'elle est égale à celle de deux droits, ou, ce qui revient au même, à 180 degrés.

65.

Manière de trouver la valeur du troisième angle d'un triangle dont on connaît les deux autres angles.

Pour conclure la valeur du troisième angle d'un triangle, lorsqu'on en a mesuré deux, il faut retrancher de 180 degrés le nombre des degrés que les deux angles font ensemble : propriété qui donne une manière bien commode de vérifier la mesure des angles d'un triangle, et dont on verra successivement une infinité d'autres utilités. Nous nous contenterons ici d'en tirer les conséquences les plus immédiates.

66.

Un triangle ne peut avoir plus d'un angle droit ou obtus.

Un triangle ne peut avoir plus d'un angle droit; à plus forte raison, ne peut-il avoir plus d'un angle obtus.

67.

Dans un triangle rectangle, la somme des angles aigus est égale à un angle droit.

Si l'un des trois angles d'un triangle est droit, la somme des deux autres angles est toujours égale à un droit.

Ces deux propositions sont si claires, qu'elles n'ont pas besoin d'être démontrées.

68.

L'angle extérieur d'un triangle vaut la somme des deux angles intérieurs opposés.

Si l'on prolonge un des côtés du triangle ABC (*fig.* 54), par exemple le côté AB, l'angle extérieur CBE vaudra seul les deux angles intérieurs opposés BCA et CAB. En effet, si à l'angle CBA on ajoute ou les deux angles BCA et CAB, ou l'angle CBE, la somme sera toujours égale à 180 degrés ou à deux angles droits (64).

69.

Un angle d'un triangle isocèle donne les deux autres.

Connaissant un des angles d'un triangle isocèle ABC (*fig.* 55), on connaît les deux autres.

Fig. 55.

A

B C

Supposons connu l'angle au sommet A, on aura la somme des deux autres angles B et C en retranchant A de 180 degrés, et la moitié du reste obtenu est la mesure de chacun des angles B et C, pris sur la base. Si c'était un des deux angles B ou C pris sur la base, qu'on connût, le double de sa valeur retranché de 180 degrés donnerait l'angle au sommet A.

70.

Les angles d'un triangle équilatéral valent chacun 60 degrés.

Comme un triangle équilatéral n'est autre chose qu'un triangle isocèle auquel chacun de ses côtés peut également servir de base, ses trois angles sont nécessairement égaux, et valent chacun 60 degrés, tiers de 180 degrés.

71.

Description de l'hexagone régulier.

Pour trouver une ligne qui partage la circonférence en six parties égales, il faut que cette ligne soit la corde d'un arc de 60 degrés, sixième partie de 360 degrés, valeur de la circonférence entière. Supposant donc que AB (*fig.* 56) soit cette corde, et du centre I menant aux extrémités A et B les rayons AI et IB, l'angle AIB vaudra 60 degrés ; et parce que les deux côtés AI et IB seront égaux, le triangle AIB sera isocèle. Donc, l'angle au sommet étant de 60 degrés, chacun des deux autres angles vaudra aussi 60 degrés, moitié de 120 : donc (70) le triangle AIB sera équilatéral ; donc AB égalera le rayon du cercle : d'où il suit que, pour décrire un hexagone, il faudra ouvrir le compas d'un intervalle égal au rayon et le porter six fois de suite sur la circonférence, et l'on aura les six côtés de l'hexagone.

Fig. 56.

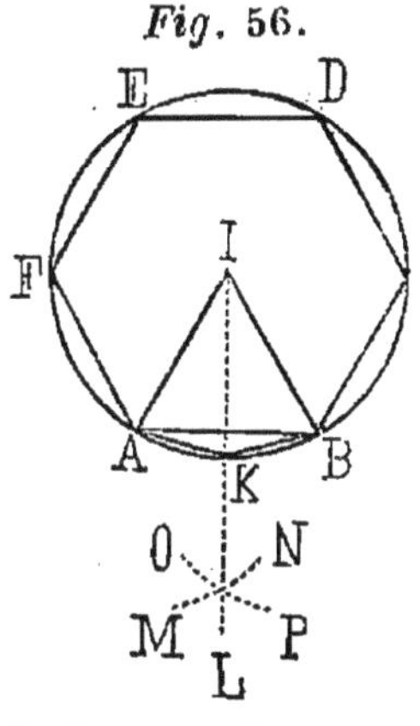

72.

Le demi-angle au centre de l'hexagone donne l'angle au centre du dodécagone.

L'hexagone ABCDEF (*fig.* 56) décrit, on décrira facilement le dodécagone, ou polygone de douze côtés.

Pour cela, on divisera l'arc AKB, ou l'angle AIB, en deux parties égales ; et AK, corde de l'arc AKB, sera un des côtés du dodécagone.

73.

Partager un arc en deux arcs égaux.

Pour partager l'arc AKB (*fig.* 56) en deux arcs égaux AK et KB, on fera la même opération que s'il s'agissait de couper la corde AB en deux parties égales; c'est-à-dire que des points A et B, comme centres, et d'un intervalle quelconque, on décrira les arcs MLN, OLP; ensuite, par le point L, section des deux arcs, et par le centre I, on mènera la ligne LI, qui divisera en deux et l'arc AKB et la corde AB.

74.

Description des polygones réguliers de 24, 48, *etc., côtés.*

En suivant la méthode précédente, on partage d'abord l'arc AK (*fig.* 56) en deux arcs égaux; la corde de l'un ou de l'autre de ces arcs est le côté du polygone de 24 côtés. On aura de même les polygones de 48, 96, 192, etc., côtés.

75.

Description de l'octogone régulier.

Pour décrire un octogone régulier, c'est-à-dire un polygone régulier de 8 côtés, on commence par tracer un carré dans le cercle; ce qui se fait en menant deux diamètres AIB et CIE (*fig.* 57), qui se coupent à angles droits, et joignant les extrémités par les lignes AC, CB, BE et AE.

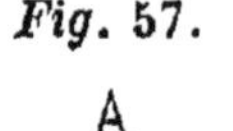
Fig. 57.

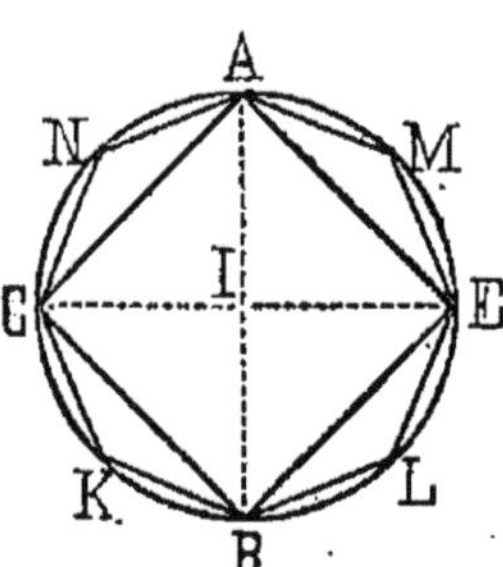

En effet, par la régularité du cercle et de l'égalité des quatre angles que forment les perpendiculaires AIB et CIE, les quatre côtés AC, CB, BE et EA seront nécessairement égaux, et se trouveront également penchés les uns sur les autres; ce qui ne pourra convenir qu'au carré.

Le carré ainsi décrit, on divise par la méthode précédente chacun des arcs CKB, BLE, etc., en deux parties égales; ce qui donne l'octogone CKBLEMAN.

En partageant de même chacun des arcs CK, KB, etc., en 2, en 4, en 8, etc., parties égales, on aurait les polygones de 16, 32, 64, etc., côtés.

DEUXIÈME PARTIE.

COMPARAISON DES FIGURES RECTILIGNES.

Ce qui précède suffit pour faire reconnaître que les positions des lignes les unes à l'égard des autres fournissent des remarques dignes d'attention par elles-mêmes, indépendamment de l'utilité dont elles peuvent être dans la pratique; et il est à présumer que ces remarques ont engagé les premiers géomètres à pousser plus loin leurs découvertes : car ce ne sont pas seulement les besoins qui déterminent les hommes, la curiosité est souvent un aussi grand motif pour exciter leurs recherches.

Le goût qu'on a naturellement pour cette précision rigoureuse, sans laquelle l'esprit n'est jamais satisfait, a dû contribuer encore au progrès de la géométrie.

Aussi, lorsqu'en mesurant les figures on s'est aperçu que, dans une infinité de cas, les échelles et les demi-cercles ne donnaient que des valeurs approchées des lignes ou des angles, on a cherché des méthodes qui suppléassent au défaut de ces instruments.

Ici, nous reprendrons les figures rectilignes; mais dans les opérations que nous ferons pour découvrir leurs justes rapports, nous ne nous servirons que de la règle et du compas.

Il arrive souvent qu'on a besoin, ou de rassembler dans une même figure plusieurs figures qui lui soient semblables, ou de décomposer une figure en d'autres figures de même espèce; ce qu'on peut faire en opérant d'abord sur les rectangles, puisque toutes les figures rectilignes ne sont que des assemblages de triangles, et que chaque triangle est la moitié d'un rectangle de même hauteur et de même base.

1.

Deux rectangles de même hauteur sont entre eux comme leurs bases.

Pour comparer les rectangles, il faut savoir changer un rectangle quelconque en un autre qui lui soit équivalent, mais dont la hauteur soit différente; car lorsque deux rectangles seront changés en deux autres de même hauteur, ils ne différeront plus que par leurs bases. Le plus grand sera celui qui aura la plus grande base, et il contiendra le plus petit autant de fois que sa base contiendra celle du plus petit rectangle; ce qu'on énonce ordinairement ainsi : deux rectangles qui ont même hauteur sont entre eux comme leurs bases.

2.

Manière d'ajouter deux rectangles de même hauteur.

Pour ajouter deux rectangles de même hauteur, il suffit de les poser l'un à côté de l'autre.

3.

Manière de retrancher l'un de l'autre deux rectangles de même hauteur.

Il n'est pas plus difficile de retrancher le plus petit du plus grand: il suffit de les superposer.

4.

Manière de partager un rectangle en un nombre déterminé de rectangles égaux.

Pour partager un rectangle en un nombre déterminé de rectangles égaux, il faut diviser sa base en un pareil nombre de parties égales, ensuite élever des perpendiculaires sur les points de division.

5.

Manière de changer un rectangle en un autre qui ait une hauteur donnée.

Soit proposé de changer le rectangle ABCD (*fig.* 58) en un autre BFEG, qui lui soit équivalent et dont la hauteur soit BF. Puisque sa valeur sera le produit de sa hauteur par sa base, il faudra que le rectangle cherché BFEG, dont la hauteur sera plus grande que BC, ait sa base plus petite que AB : c'est-à-dire que, si BF, par exemple, est double de BC, il faudra que BG ne soit que la moitié de AB.

Fig. 58.

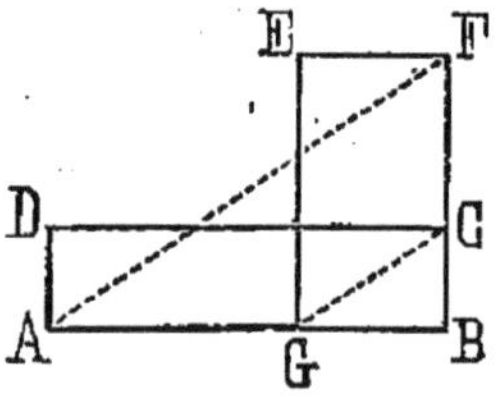

Si BF était le triple de BC, BG ne serait que le tiers de AB.

On verrait de même que si BF, au lieu de contenir BC un nombre exact de fois, le contenait avec fraction, comme deux fois et un tiers, le rectangle BFEG ne pourrait être égal au rectangle ABCD, que sa base BG ne fût aussi contenue deux fois et un tiers dans la base AB. Et, en général, il est facile de voir que l'égalité des deux rectangles ABCD et BFEG exige que la base BG de l'un soit contenue dans la base AB de l'autre, comme la hauteur BC est contenue dans la hauteur BF.

Il ne s'agit donc plus que de diviser la ligne BA de manière que AB soit à GB comme BF est à BC; ce qui se fera (Ire partie, 41) en menant la ligne FA, et du point donné C, la parallèle CG.

6.

Autre manière de changer un rectangle en un autre dont la hauteur soit donnée.

Pour changer le rectangle ABCD (*fig.* 59) en un autre rectangle BFEG qui ait une hauteur donnée BF, on peut employer une méthode moins naturelle que la précédente, mais plus commode. Ayant prolongé AD jusqu'à ce qu'elle rencontre en I la droite FEI, menée par le point F parallèlement à AB, on tire la diagonale BI, et par le point O, où elle rencontre le côté DC, on mène GOE parallèle à FB; et le rectangle BFEG est équivalent au rectangle ABCD.

Fig. 59.

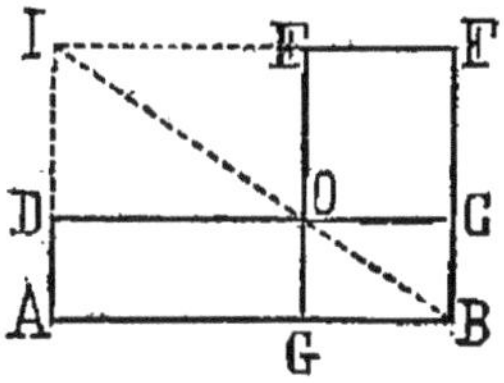

Pour le prouver, il suffit de faire voir qu'en ôtant des rectangles ABCD et BFEG la partie commune OCBG, le rectangle ADOG égale le rectangle EOCF.

Or, si l'on fait attention à l'égalité des deux triangles IBF et IBA, on verra qu'en retranchant de ces triangles des quantités égales, les restes seront égaux. Mais le triangle IAB deviendra le rectangle ADOG, si l'on en retranche les deux triangles IDO et OGB; de même le triangle IBF deviendra le rectangle EOCF, par la suppression des triangles IEO et OBC égaux aux deux premiers : donc les deux rectangles ADOG et EOCF, restes des deux triangles, seront égaux entre eux, aussi bien que les rectangles ABCD et BFEG.

7.

Lorsque deux rectangles sont égaux, la base du premier est à la base du second comme la hauteur du second est à la hauteur du premier.

Cette seconde manière de changer un rectangle en

un autre confirme le principe que suppose la première, et qui aurait pu sembler n'être appuyé que sur une simple induction.

De l'égalité des deux rectangles ABCD et BFEG on avait conclu qu'il fallait que AB fût à BG comme BF est à BC; c'est ce qu'on peut maintenant prouver par le numéro précédent.

Car, les triangles IAB et OGB étant manifestement semblables, la base AB du grand sera à la base GB du petit comme la hauteur IA est à la hauteur OG, ou comme BF est à BC, leurs égales : donc AB sera à GB comme BF est à BC, conformément au principe du n° 5.

8.

Si quatre lignes sont telles, que la première soit à la seconde comme la troisième est à la quatrième, le rectangle formé par la première et la quatrième sera égal à celui que forment la seconde et la troisième.

On vient de démontrer que de l'égalité des deux rectangles ABCD et BFEG il suit que la hauteur BF est à la hauteur BC comme la base AB est à la base BG; on démontrerait de la même manière que, lorsque quatre lignes BF, BC, AB et BG sont telles, que la première est à la seconde comme la troisième est à la quatrième, le rectangle qui aurait pour hauteur et pour base la première et la quatrième de ces lignes serait équivalent au rectangle qui aurait pour hauteur et pour base la seconde et la troisième.

9.

Quatre quantités, dont la première est à la seconde comme la troisième est à la quatrième, sont dites former une proportion.

Lorsque quatre quantités, ainsi que les lignes précédentes BF, BC, AB et BG, sont telles, que la première sera à la seconde comme la troisième est à la quatrième, on dit que ces quatre quantités sont en proportion ou qu'elles forment une proportion. Ainsi, 6, 9, 18 et 27 sont en proportion, parce que 6 est contenu dans 9 de la même manière que 18 est contenu dans 27. Il en est de même de 15, 25, 75 et 125, etc.

10.

Des quatre termes d'une proportion, le premier et le quatrième sont nommés extrêmes; *le second et le troisième sont nommés* moyens.

La première et la quatrième des quatre quantités d'une proportion s'appellent termes extrêmes ou simplement *extrêmes*; la seconde et la troisième se nomment *termes moyens* ou simplement *moyens*.

En se servant des définitions précédentes, il est clair que les propositions renfermées dans les n°s 7 et 8 s'énonceront ainsi :

11.

Dans une proportion, le produit des extrêmes est égal au produit des moyens.

Lorsque quatre quantités sont en proportion, le produit des extrêmes est égal au produit des moyens.

12.

Si le produit des extrêmes est égal au produit des moyens, les quatre termes forment une proportion.

Si quatre quantités sont telles, que le produit des extrêmes soit égal au produit des moyens, ces quatre quantités seront en proportion.

13.

De là on tire la règle de trois, ou la manière de trouver le quatrième terme d'une proportion dont les trois premiers sont donnés.

Il est utile de faire beaucoup d'attention aux nos 11 et 12; ils sont d'un grand usage. On en déduit, entre autres choses, la démonstration de la règle qu'on appelle, en arithmétique, *règle de trois.* Pour donner une idée de cette règle, nous prendrons un exemple.

Supposons que 24 ouvriers aient fait 30 mètres d'ouvrage en un certain temps : on demande combien 64 ouvriers en feront dans un temps égal.

Il est évident que, pour résoudre la question, il faut trouver un nombre qui soit à 64 dans la même raison que 30 est à 24. Or, suivant ce que nous avons vu, ce nombre sera tel, que son produit par 24 égalera le produit de 30 par 64; mais le produit de 30 par 64 est 1920 : donc le nombre cherché sera celui qui, étant multiplié par 24, donnera 1920. Or, pour peu qu'on ait les premières notions des opérations de l'arithmétique, on doit facilement s'apercevoir qu'il faut que ce nombre soit le quotient de la division de 1920 par 24, c'est-à-dire 80.

En général, pour trouver le quatrième terme d'une proportion dont les trois premiers seront donnés, il faudra prendre le produit du second et du troisième, et diviser ce produit par le premier terme de la proportion.

14.

Autre exemple des règles de trois.

Un exemple aussi simple que celui que nous venons de choisir ne fait peut-être pas assez sentir la nécessité de la méthode précédente. Le bon sens seul ferait trouver le nombre demandé. On voit que 30 surpasse

24 d'un quart, et qu'ainsi il faut que le nombre cherché surpasse 64 d'un quart : ce qui donne 80. Mais il y a des cas où l'on pourrait chercher plus longtemps le rapport des deux premiers nombres de la proportion.

Par exemple, on veut un quatrième terme proportionnel aux trois nombres 259, 407 et 483.

Pour le trouver par la méthode précédente, il faut multiplier 483 par 407, et diviser 196581, qui en est le produit, par 259 ; ce qui donne 759 pour le quatrième terme cherché.

Si l'on s'y était pris autrement pour trouver ce terme, ce n'aurait pu être qu'en tâtonnant. On aurait bien pu découvrir, par exemple, que 148, excès de 407 sur 259, contient quatre des septièmes parties de 259 ; qu'ainsi il fallait ajouter de même à 483 le nombre 276, qui contient quatre de ses septièmes parties. Mais la généralité et la sûreté de la méthode précédente nous sauvent toujours de l'embarras des tâtonnements, qui même deviendraient inutiles dans bien des cas.

15.

Manière d'additionner deux carrés.

Lorsqu'on aura deux carrés à ajouter, leur addition se fera de la même manière que celle de deux rectangles, puisque les carrés sont des rectangles dont la hauteur et la base sont égales. On changera donc un des carrés, le plus petit par exemple, en un rectangle qui aura le côté du grand pour hauteur, et les deux carrés ne feront plus qu'un rectangle. On pourrait donner de même la hauteur du petit carré à tous les deux, ou une autre hauteur à volonté ; mais ce qu'on ne pouvait guère manquer de se proposer, lorsqu'on a voulu réduire ainsi deux carrés en une seule figure, c'était de faire un carré équivalent à deux autres, problème dont il était facile de trouver la solution suivante.

16.

Faire un carré double d'un autre.

Supposons d'abord que les deux carrés ABCD et CBFE (*fig.* 60), dont on se propose de faire un seul carré, soient égaux entre eux. Il est facile de remarquer que si l'on tire les diagonales AC et CF, les triangles ABC et CBF feront ensemble la valeur d'un carré : donc, en transportant au-dessous de AF les deux autres triangles DCA et CEF, on fera le carré ACFG, dont le côté AC sera la diagonale du carré ABCD, et dont la superficie égalera celle des deux carrés proposés ; ce qui n'a pas besoin d'être démontré.

Fig. 60.

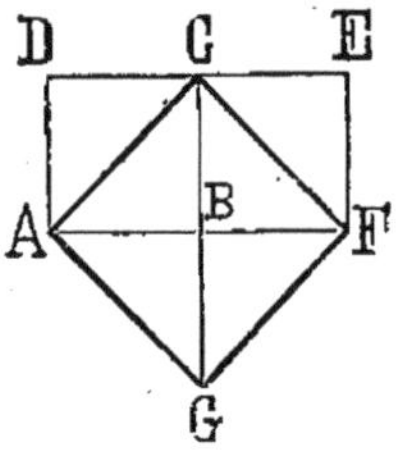

17.

Faire un carré équivalent à deux autres pris ensemble.

Supposons qu'on veuille faire un carré équivalent à la somme des deux carrés inégaux ADC*d* et CFE*f* (*fig.* 61), ou, ce qui revient au même, qu'on se propose de changer la figure ADFE*fd* en un carré.

Fig. 61.

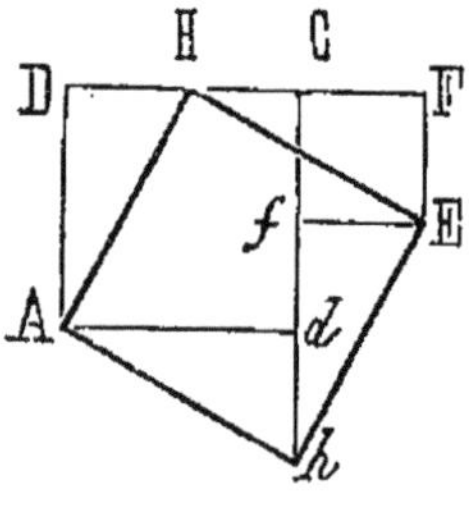

En suivant l'esprit de la méthode précédente, on cherchera s'il n'est point possible de trouver dans la ligne DF quelque point H, tel,

1° Que tirant les lignes AH et HE, et faisant tourner les triangles ADH et EFH autour des points A et E, jusqu'à ce qu'ils aient les positions A*dh* et E*fh*, ces deux triangles se joignent en *h*;

2° Que les quatre côtés AH, HE, E*h* et *h*A soient égaux et perpendiculaires les uns aux autres.

Or, ce point H se trouvera en faisant DH égal au côté CF ou EF; car de l'égalité supposée entre DH et CF, il suit premièrement que si l'on fait tourner ADH autour de son angle A, en sorte qu'on lui donne la position A*dh*, le point H, arrivé en *h*, sera distant du point C d'un intervalle égal à DF.

De la même égalité supposée entre DH et CF il suit encore que HF égalera DC, et qu'ainsi le triangle EFH tournant autour de E pour prendre la position E*fh*, le point H arrivera au même point *h*, distant de C d'un intervalle égal à DF.

Donc la figure ADFE*fd* sera changée en une figure de quatre côtés AHE*h*. Il ne s'agit donc plus que de voir si les quatre côtés seront égaux et perpendiculaires les uns aux autres.

Or, l'égalité de ces quatre côtés est évidente, puisque A*h* et *h*E seront les mêmes que AH et HE, et que l'égalité de ces deux derniers se tirera de ce que DH étant égal à CF ou à FE, les deux triangles ADH et HEF seront égaux.

Il ne reste donc plus qu'à voir si les côtés de la figure AHE*h* formeront des angles droits; il est facile de s'en assurer en remarquant que, pendant que HAD tournera autour de A pour arriver en *h*A*d*, il faudra que le côté HA fasse le même mouvement que le côté AD. Or, le côté AD fera un angle droit DA*d* en devenant A*d* : donc le côté AH fera aussi un angle droit HA*h* en devenant A*h*.

Quant aux autres angles H, E et *h*, il est visible qu'ils seront nécessairement droits; car il ne serait pas possible qu'une figure terminée par quatre côtés égaux eût un angle droit sans que les trois autres fussent pareillement droits.

18.

L'hypoténuse d'un triangle rectangle est son grand côté, et le carré de ce côté est égal à la somme des carrés faits sur les deux autres.

Si on remarque que les deux carrés ADC*d* et CFE*f* sont faits, l'un sur AD, moyen côté du triangle ADH, l'autre sur EF égal à DH, petit côté du même triangle ADH, et que le carré AHE*h*, équivalent aux deux autres, est décrit sur le grand côté AH, qu'on nomme communément l'hypoténuse du triangle rectangle, on découvrira bientôt cette propriété des triangles rectangles, que le carré de l'hypoténuse est égal à la somme des carrés faits sur les deux autres côtés.

19.

Manière simple de réduire deux carrés en un seul.

Lorsque de deux carrés DLKH et ABCD (*fig.* 62 et 63) on n'en voudra faire qu'un seul, il sera inutile

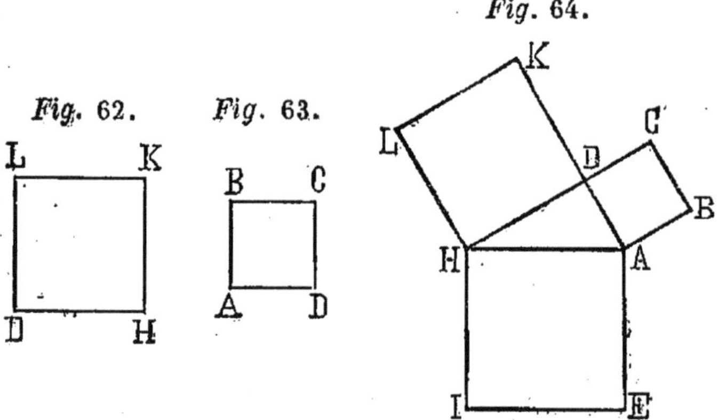

Fig. 62. *Fig.* 63. *Fig.* 64.

de les mettre à côté l'un de l'autre et de les décomposer, comme on a fait dans le n° 17 ; il suffira de placer leurs côtés AD et DH (*fig.* 64) de façon qu'ils fassent un angle droit, et de tirer ensuite la ligne AH, puisqu'alors cette ligne sera le côté du carré cherché AHIE.

20.

Si les côtés d'un triangle rectangle servent de bases à trois figures semblables, la figure faite sur l'hypoténuse égalera les deux autres prises ensemble.

Si l'on avait deux figures semblables DAFGM et DHPON (*fig.* 65 et 66), et qu'on se proposât d'en faire une troisième, équivalente aux deux autres prises ensemble, il ne faudrait que poser les bases AD et HD de ces figures sur les deux côtés d'un angle droit ADH (*fig.* 67), et l'hypoténuse AH du triangle ADH serait la base de la figure demandée.

Fig. 65. *Fig.* 66.

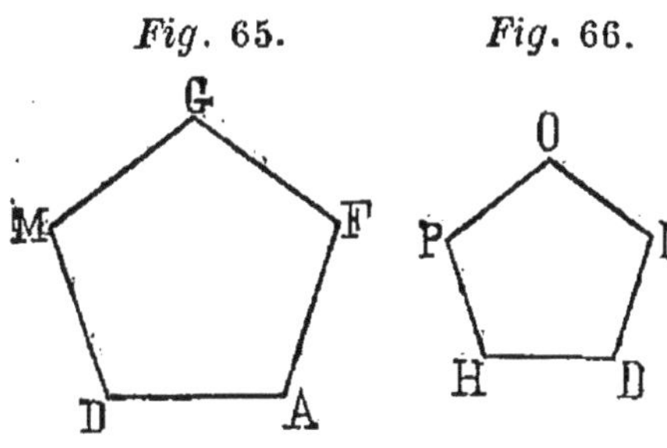

Fig. 67.

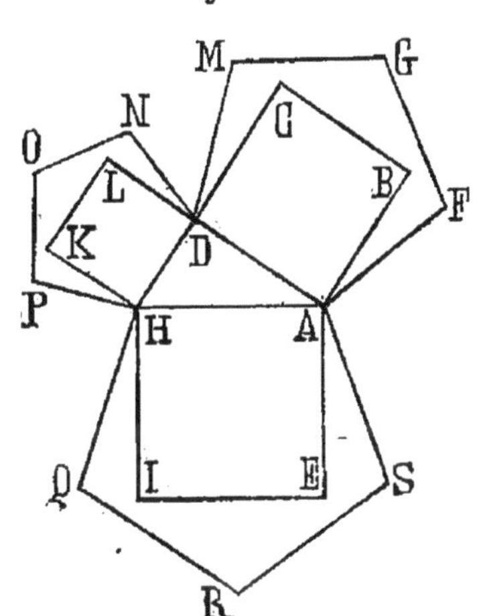

En effet, supposons les carrés ABCD, DHKL et AHIE faits sur les bases des trois figures semblables; on verra d'abord, par le n° 18, que le carré AHIE vaudra lui seul les deux autres carrés ABCD et DHKL. Or, les figures semblables sont entre elles comme les carrés de leurs côtés homologues (Ire partie, n° 47); donc les trois carrés ABCD, DHKL et AHIE se trouveront les mêmes parties des figures DAFGM, DHPON et AHQRS.

D'où il sera facile de conclure que la figure AHQRS vaudra les deux autres. Supposons, par exemple, que chacun de ces carrés fût la moitié de la figure dans laquelle il serait renfermé, personne ne douterait que la figure AHQRS ne fût équivalente aux deux autres, puisque sa moitié vaudra seule les moitiés des deux figures DHPON et DAFGM. Il en serait de même si les carrés ABCD, DHKL et AHIE étaient les deux tiers, les trois quarts, etc., des figures DAFGM, DHPON et AHQRS.

21.

Réduire plusieurs figures semblables à une seule.

Si l'on se proposait d'ajouter trois, quatre, etc., figures semblables, ou, ce qui revient au même, trois, quatre, etc., carrés, la méthode serait toujours la même. Par exemple, pour ajouter trois carrés, on ferait d'abord un carré égal aux deux premiers; ensuite, à ce nouveau carré on ajouterait le troisième, et par là on aurait un carré égal aux trois carrés proposés.

22.

Construire un carré cinq, six fois plus grand ou plus petit qu'un autre.

Si l'on se proposait de faire un carré cinq, six, etc., fois plus grand qu'un autre, il suffirait de suivre la méthode précédente pour résoudre ce problème, et même son inverse, c'est-à-dire pour faire un carré qui ne serait que la cinquième, la sixième, etc., partie d'un carré proposé; ce qui demanderait simplement qu'on se rappelât la manière de trouver une quatrième proportionnelle à trois lignes données. Mais, dans la troisième partie de cet ouvrage, nous donnerons une méthode plus directe et plus commode pour résoudre ces sortes de problèmes.

23.

Le produit qui résulte de la multiplication d'un nombre par lui-même est le carré de ce nombre. La racine d'un carré est le nombre qui, multiplié par lui-même, donne le carré.

L'addition des figures semblables fournit une preuve décisive de la nécessité d'abandonner les échelles, quand on veut faire les opérations d'une manière qui puisse se démontrer rigoureusement.

Supposons, par exemple, qu'on eût à faire un carré double d'un autre; ceux qui ne sauraient pas la méthode donnée dans le n° 16 s'y prendraient vraisemblablement de la manière suivante :

Ils diviseraient le côté du carré donné en un grand nombre de parties, en 100 parties par exemple; ensuite, multipliant 100 par 100, ils trouveraient 10000 pour la valeur du carré : ce qui donnerait 20000 pour celle du carré demandé.

Mais de la valeur de celui-ci ils ne tireraient pas la manière de le décrire; il faudrait qu'ils eussent son côté exprimé par un nombre, et que ce nombre fût tel, qu'en le multipliant par lui-même, c'est-à-dire en l'élevant au carré, le produit donnât 20000.

Or, ce nombre dont ils auraient besoin, ce serait en vain qu'ils le chercheraient sur une échelle dont les parties seraient des centièmes du côté du premier carré, car 141, multiplié par lui-même, donnerait 19881, et 142 donnerait 20164; ce qui s'écarterait de part et d'autre du nombre qu'ils devraient trouver.

Peut-être s'imagineraient-ils qu'en partageant le côté du carré donné en plus de 100 parties, ils trouveraient un nombre déterminé de ces parties pour le côté du carré double du premier; mais, quelques essais qu'ils pussent faire, ils trouveraient toujours que ce serait en vain qu'ils chercheraient deux nombres dont un exprimerait le côté, ou, suivant le langage ordinaire, la racine d'un carré, et l'autre, le côté ou la racine du carré double.

24.

Un nombre est multiple d'un autre lorsqu'il le contient plusieurs fois exactement. Le côté d'un carré et sa diagonale sont incommensurables.

En effet, on démontre, en arithmétique, que si deux nombres ne sont pas multiples l'un de l'autre, c'est-à-dire si l'un ne contient pas l'autre un nombre exact de fois, le carré du plus grand ne sera pas non plus multiple du carré du plus petit. Ainsi 5, par exemple, ne pouvant pas se diviser exactement par 4, son carré 25 ne pourra pas non plus se diviser par 16, carré de 4.

Donc, si l'on élève au carré deux nombres dont l'un soit plus grand que l'autre, et en soit cependant moins que le double, il viendra, par cette opération, deux autres nombres, dont l'un sera moindre que le quadruple de l'autre, mais sans en pouvoir être ni le double ni le triple. Donc, qu'on divise le côté d'un carré en tel nombre de parties qu'on voudra, le côté du carré double, qui, suivant ce qui est démontré dans le nº 16, sera la diagonale de ce carré, ne contiendra pas un nombre exact de ces mêmes parties; ce qu'on exprimerait dans le langage des géomètres en disant que le côté du carré et sa diagonale sont incommensurables.

25.

Autres lignes incommensurables.

On peut encore remarquer qu'il y a quantité d'autres lignes qui n'ont aucune commune mesure.

Car, qu'on écrive les deux suites

1, 2, 3, 4, 5, 6, 7, 8, 9, etc.,
1, 4, 9, 16, 25, 36, 49, 64, 81, etc.,

dont la première exprime les nombres naturels et l'autre leurs carrés, on verra que, comme les nombres qui seront entre 4 et 9, entre 9 et 16, entre 16 et 25, etc., n'auront aucune racine, les côtés des deux carrés, dont l'un sera ou triple, ou quintuple, ou sextuple, etc., de l'autre, seront incommensurables entre eux.

26.

Comparaison des figures semblables dont les côtés homologues sont incommensurables.

De ce que plusieurs lignes sont incommensurables avec d'autres, peut-être pourrait-il naître quelque soupçon sur l'exactitude des propositions qui nous ont servi à constater la proportionnalité des figures semblables. On a vu qu'en comparant ces figures (Ire part., 34 et suiv.), nous avons toujours supposé qu'elles avaient une échelle qui pouvait également servir à mesurer toutes leurs parties : supposition qui maintenant paraîtrait devoir être limitée par ce qui vient d'être dit. Il faut donc que nous revenions sur nos pas, et que nous examinions si nos propositions, pour être vraies, n'auraient pas elles-mêmes besoin de quelques modifications.

27.

Les triangles et les figures semblables ont leurs côtés proportionnels, lors même que ces côtés sont incommensurables.

Reprenons d'abord ce qui est dit dans le no 39 de la première partie, et voyons s'il est vrai que les triangles, tels que *abc* et ABC (*fig.* 68 et 69), dont les angles sont les mêmes, aient leurs côtés proportionnels. Supposons,

Fig. 68.

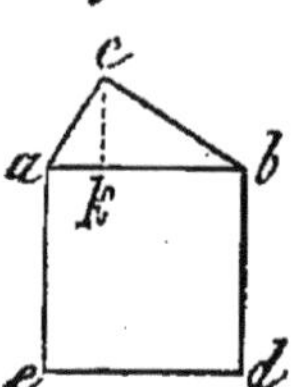

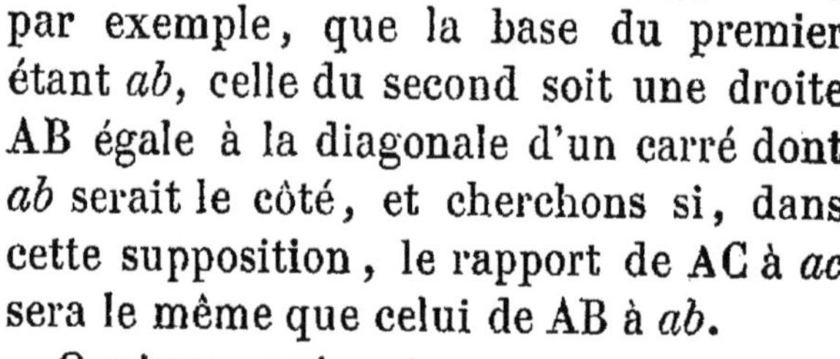

par exemple, que la base du premier étant *ab*, celle du second soit une droite AB égale à la diagonale d'un carré dont *ab* serait le côté, et cherchons si, dans cette supposition, le rapport de AC à *ac* sera le même que celui de AB à *ab*.

Fig. 69.

Quoique, suivant ce que nous avons vu, quelque grand que pût être le nombre des parties qu'on supposerait arbitrairement dans *ab*, AB ne pourrait jamais contenir un nombre exact de ces parties, il est cependant facile de s'apercevoir que plus ce nombre sera grand, plus AB approchera d'être mesuré exactement avec les parties de *ab*. Supposons *ab* divisé en 100 parties, ce que AB contiendra de ces parties se trouvera entre 141 et 142 (n° 23). Contentons-nous de 141, et négligeons le petit reste : il est clair (Ire part., 39) que AC contiendra aussi 141 des parties de *ac*.

Supposons ensuite *ab* divisé en 1000 parties; ce que AB contiendra des parties de *ab* sera entre 1414 et 1415. Ne prenons que 1414, et négligeons encore le reste; on trouvera de même que AC contiendra 1414 des millièmes parties de *ac*, et qu'en général AC contiendra toujours autant de parties de *ac*, avec un reste, que AB contiendra de parties de *ab*, avec un reste.

Ces restes seront de part et d'autre d'autant plus petits, que le nombre des parties de *ab* sera plus grand : donc il sera permis de les négliger si l'on imagine la division de *ab* poussée jusqu'à l'infini; donc on pourra dire alors que le nombre des parties de *ac* que contiendra AC égalera le nombre des parties de *ab* que contiendra AB, et qu'ainsi AC sera à *ac* comme AB est à *ab*.

Donc nous avons rigoureusement démontré que lorsque deux triangles ont les mêmes angles, ils ont leurs côtés proportionnels, soit que leurs côtés aient une commune mesure, ou qu'ils n'en aient pas.

La proposition (Ire part., 45) d'où se tire la proportionnalité des lignes qui se répondent dans les figures semblables, se justifierait de la même façon.

28.

Les figures semblables sont toujours entre elles comme les carrés de leurs côtés homologues.

On verra par de pareils raisonnements que les propositions expliquées dans les nos 44 et 47 de la première partie, où l'on a fait voir que les aires des triangles et des figures semblables ont entre elles la même proportion que les carrés de leurs côtés homologues, sont toujours vraies en général, même lorsque les côtés de ces figures sont incommensurables.

Prenons pour exemple les triangles semblables ABC, *abc* (*fig.* 68 et 69), dont nous supposerons les hauteurs incommensurables avec leurs bases. Dans ce cas, il n'y aura aucun carré, quelque petit qu'il soit, qui puisse servir de commune mesure à ces triangles et aux carrés faits sur leurs bases, c'est-à-dire que les aires *abc* et *abde* seront incommensurables entre elles, ainsi que les aires ABC et ABDE; mais il n'en sera pas moins vrai que le triangle ABC sera au carré ABDE comme le triangle *abc* est au carré *abde*.

On s'en assurera en remarquant que plus les parties de l'échelle dont on se servira pour mesurer AB et KC seront supposées petites, plus on approchera d'avoir les nombres qui exprimeront le rapport de ABC à ABDE; donc divisant toujours l'échelle du triangle *abc* dans le même nombre de parties, et négligeant les restes, on verra que les mêmes nombres serviraient toujours à exprimer le rapport du triangle ABC au carré ABDE, et celui du triangle *abc* au carré *abde*. Qu'on pousse, par la pensée, la division des échelles jusqu'à l'infini, les restes deviendront absolument nuls, et l'on pourra dire que les nombres qui exprimeraient le rapport du triangle *abc* au carré *abde* exprimeraient aussi le rapport du triangle ABC au carré ABDE, et qu'ainsi le triangle *abc* sera au carré *abde* comme le triangle ABC est au carré ABDE.

Il en serait de même de toutes les figures semblables.

TROISIÈME PARTIE.

MESURE ET PROPRIÉTÉS DES FIGURES CIRCULAIRES.

Après être parvenu à mesurer toutes sortes de figures rectilignes, on a voulu avoir la manière de déterminer celles que bornent des lignes courbes. Les terrains, et en général les espaces dont il s'agit de chercher la mesure, ne sont pas toujours terminés par des lignes droites.

Souvent les figures curvilignes et les figures mixtes, c'est-à-dire celles qui sont bornées par des lignes droites et par des lignes courbes, peuvent se réduire à des figures entièrement rectilignes, comme nous l'avons déjà dit; car qu'on eût à mesurer une figure telle que ABCDEFG (*fig.* 70), on pourrait prendre le côté AD pour un assemblage de deux, de trois, etc., lignes droites. Substituant ensuite la droite FD à la courbe FED, on aurait la figure rectiligne ABCDEFG, qui différerait si peu de la figure mixte, que l'une pourrait être prise pour l'autre sans erreur sensible.

Fig. 70.

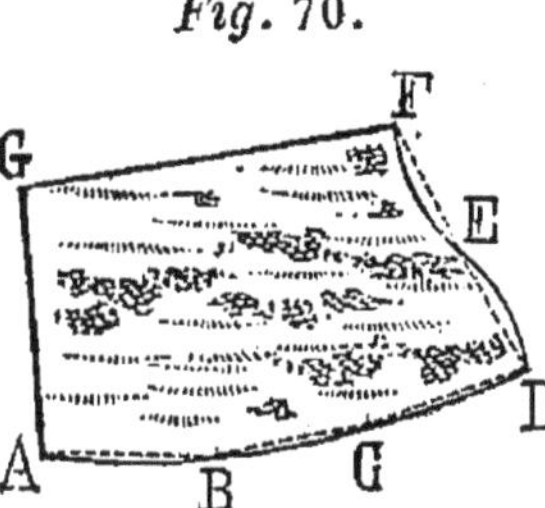

On opérerait donc sur ces figures en suivant les méthodes précédentes. Mais les géomètres ne s'accommoderaient guère de ces sortes d'opérations; ils n'en veulent que de rigoureuses. D'ailleurs, il y a tel cas où la transformation d'une figure curviligne ou mixte en une figure entièrement rectiligne demanderait qu'on partageât son contour en un si grand nombre de parties, qu'alors la méthode commune deviendrait impraticable. Aussi ne serait-on pas tenté de la suivre, si l'on avait à mesurer un espace tel que Y, ou le cercle entier X (*fig.* 71 et 72); il faudrait prendre une autre voie pour trouver la mesure de ces sortes d'espaces. Ici, nous ne nous attacherons qu'à ceux dont les contours renferment des arcs de cercle.

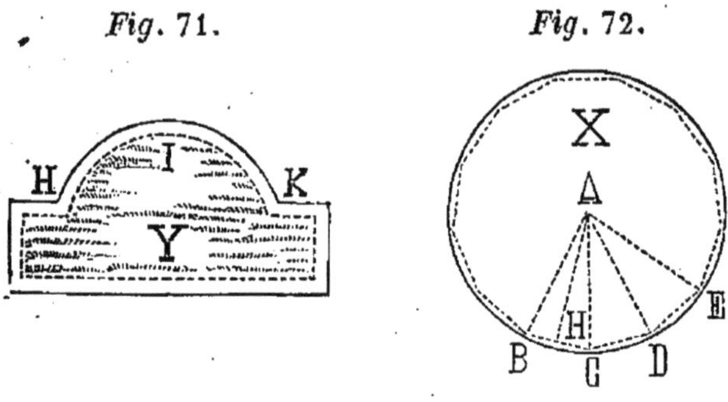

Fig. 71. *Fig.* 72.

1.

La mesure du cercle est le produit de sa circonférence par la moitié de son rayon.

Supposons d'abord qu'on ait l'aire du cercle X (*fig.* 72) à mesurer. On remarquera qu'en lui inscrivant un polygone régulier BCDE..., plus ce polygone aura de côtés, plus il approchera d'être égal au cercle. Or, on a vu que l'aire d'un polygone (Ire part., 22) est égale à autant de fois le produit du côté BC par la moitié de l'apothème AH, que le polygone a de côtés; ou, ce qui revient au même, que cette aire a pour mesure le produit du contour entier ou périmètre BCDE..., par la moitié de l'apothème : donc, puisqu'en poussant jusqu'à l'infini le nombre des côtés du polygone, son aire, son contour et son apothème égaleront l'aire, le contour et le rayon du cercle, la mesure du cercle sera le produit de sa circonférence par la moitié de son rayon.

2.

L'aire du cercle est égale à un triangle dont la hauteur est le rayon et la base une droite égale à la circonférence.

Du numéro précédent il résulte que la superficie d'un cercle BCD (*fig.* 73) est égale à celle d'un triangle ABL, dont la hauteur serait le rayon AB et la base une droite BL égale à la circonférence.

Fig. 73.

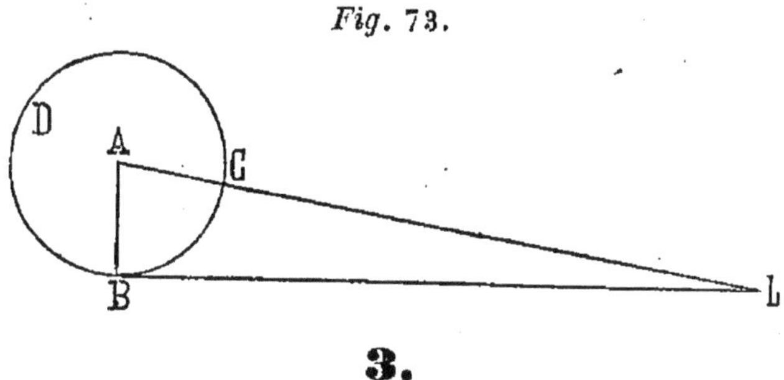

3.

On ne peut mesurer exactement une circonférence.

Pour mesurer l'aire d'un cercle, il suffit donc d'avoir le rayon et la circonférence. Il est facile de mesurer le rayon; il n'en est pas de même de la circonférence. Cependant, pour avoir sa mesure, on peut envelopper le cercle d'un fil, ce qui, dans beaucoup d'occasions, suffit pour la pratique.

Mais, jusqu'à présent, on n'a pu parvenir à mesurer géométriquement la circonférence du cercle, c'est-à-dire à déterminer exactement le rapport qu'elle a avec le rayon. On trouve ce rapport à des cent-millièmes, à des millionièmes près, et même on en approche tant qu'on veut, sans que pour cela on puisse le déterminer rigoureusement.

4.

Quand le diamètre d'un cercle a 7 *parties, la circonférence en a près de* 22.

L'approximation la plus simple qu'on ait trouvée est

celle qu'on tient d'Archimède. Le diamètre ayant 7 parties, ce que la circonférence contient de ces parties est entre 21 et 22 ; et l'on sait qu'elle approche beaucoup plus de 22 que de 21.

5.

Les circonférences des cercles sont entre elles comme leurs rayons.

Au reste, il est clair que si l'on savait exactement le rapport d'une seule circonférence à son rayon, on saurait celui de toutes les autres circonférences à leurs rayons, ce rapport devant être le même dans tous les cercles. Cette proposition paraît si simple, qu'elle n'a pas besoin d'être démontrée, puisqu'on sent que, quelles que fussent les opérations qu'on aurait faites pour mesurer une circonférence en se servant des parties de son rayon, il faudrait qu'on fît les mêmes opérations pour mesurer toute autre circonférence ; qu'ainsi on lui trouverait le même nombre de parties de son rayon.

6.

Les aires des cercles sont en raison directe des carrés des rayons.

Il est évident que les cercles ont encore la propriété générale de toutes les figures semblables (Ire part., 47) : je veux dire que leurs surfaces sont en même proportion que les carrés de leurs côtés homologues ; mais comme, pour appliquer cette proposition aux cercles, on ne pourra prendre leurs côtés, il faudra se servir des rayons : alors on verra que les cercles auront leurs aires proportionnelles aux carrés de leurs rayons.

S'il ne paraissait pas d'abord que cette proposition dût suivre de ce qui est dit dans le n° 47 de la première partie, et qu'on voulût en avoir une démonstration particulière, on ferait attention qu'il reviendrait absolument au même de comparer les aires de deux cercles BCD (*fig.* 73) et EFG (*fig.* 74), ou celles des triangles ABL et AEM qui leur seraient égaux (nº 2), en supposant que leurs bases BL et EM fussent les développements des circonférences BCD et EFG, et que leurs hauteurs fussent les rayons AB et AE. Or, par le numéro précédent, ces triangles seraient semblables : donc leurs aires seraient en même proportion que les carrés de leurs côtés homologues AB et AE, rayons des cercles BCD et EFG ; donc, etc.

Fig. 74.

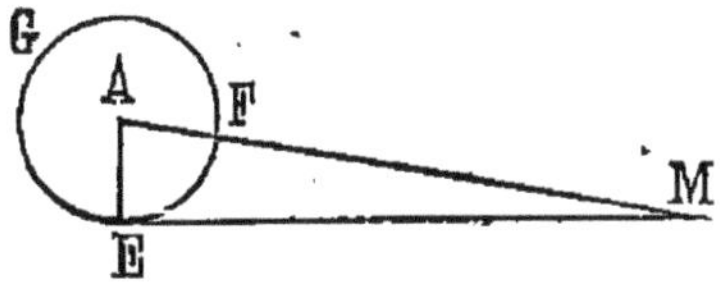

7.

Des trois cercles qui ont pour rayons les trois côtés d'un triangle rectangle, celui que donne l'hypoténuse vaut les deux autres pris ensemble.

Les cercles, à cause de leur similitude, auront aussi, de même que les figures semblables, cette propriété, que si, en prenant les trois côtés d'un triangle rectangle pour rayons, on décrit trois cercles, celui dont le rayon sera l'hypoténuse égalera les deux autres pris ensemble.

Ainsi, on pourra toujours trouver un cercle égal à deux cercles donnés, et cela sans prendre la peine de mesurer chacun de ces cercles. Qu'on veuille, par exemple, faire un bassin qui contienne autant d'eau que deux autres, la profondeur étant la même ; qu'on veuille trouver l'ouverture d'un tuyau de fontaine par lequel il s'écoule autant d'eau que par deux tuyaux donnés, on y réussira sans peine en prenant la voie que nous venons d'indiquer.

8.

Une couronne est l'espace enfermé entre deux cercles concentriques.

Si l'on avait à mesurer la superficie d'une couronne V (*fig*. 75), figure enfermée entre deux cercles concen-

Fig. 75.

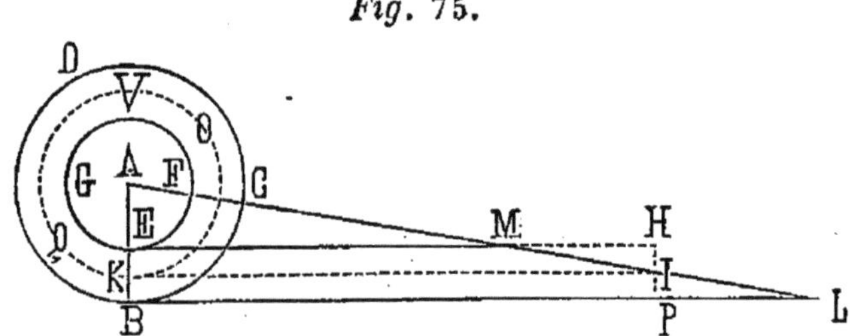

triques EFG et BCD, c'est-à-dire entre deux cercles qui auraient un centre commun, ce qui se présenterait d'abord, ce serait de mesurer séparément les superficies des deux cercles et de retrancher la plus petite de la plus grande. Mais il est facile de s'apercevoir que le problème peut se résoudre d'une manière plus commode pour la pratique.

Imaginons un triangle ABL qui ait le rayon AB pour hauteur, et dont la base soit une droite BL égale à la circonférence BCD. Si l'on mène par le point E la droite EM, parallèle à BL, cette droite sera égale à la circonférence EFG ; car, à cause de la similitude des triangles AEM et ABL, il y aura même rapport entre AB et BL qu'entre AE et EM. Or, par la supposition, BL égalera la circonférence dont AB sera le rayon : donc EM égalera aussi la circonférence qui aura pour rayon la ligne AE, partie de AB. Il en serait de même de toute autre ligne KI parallèle à BL ; elle serait toujours égale à la circonférence dont AK serait le rayon.

De l'égalité supposée entre la circonférence EFG et la droite EM suit nécessairement l'égalité du triangle AEM au cercle EFG : donc il faut que l'espace rectiligne EBLM soit égal à la couronne proposée V. Or, cet espace EBLM se peut aisément changer en un rectangle EBPH, en coupant ML en deux parties égales MI et IL, et en menant à BL par le point I la perpendiculaire HIP, qui donnera le triangle ajouté MHI, égal au triangle retranché PLI.

Donc, si par le point I on mène à BL la parallèle IK qui coupera EB en deux parties égales, la couronne proposée, égale à l'espace EBLM ou à EBPH, aura pour mesure le produit de EB par KI, circonférence dont AK sera le rayon.

Donc, pour mesurer une couronne V, il faut multiplier sa largeur EB par la circonférence KOQ, dite *moyenne* entre les circonférences BCD et EFG, parce qu'elle surpasse la petite circonférence EFG, ou la droite EM, d'une quantité MH, égale à PL, quantité dont elle est surpassée par la grande circonférence BCD ou par la droite BL.

9.

Le segment du cercle est un espace terminé par un arc et par sa corde. La mesure de toutes les figures circulaires se réduit à celle du segment.

Lorsqu'il s'agira de mesurer une figure Y (*fig.* 71) composée d'arcs de cercle différents et de lignes droites, ou une figure Z (*fig.* 76) uniquement composée d'arcs de cercle, toute la difficulté se réduira à mesurer des segments de cercle, c'est-à-dire des espaces tels que ABCE, terminés par un arc ABC (*fig.* 77) et par une corde AC; car les figures entièrement composées d'arcs de cercle, ou d'arcs et de lignes droites, peuvent toutes être considérées comme des figures rectilignes, augmentées ou diminuées de certains segments.

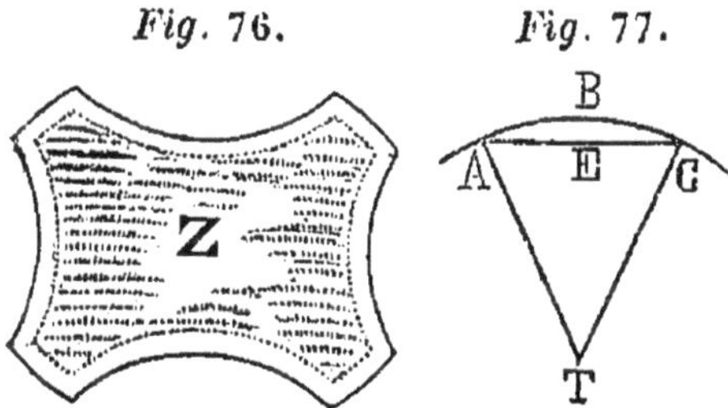

Fig. 76. *Fig.* 77.

10.

Le secteur est une partie du cercle terminée par deux rayons et par l'arc qu'ils comprennent. Sa mesure et celle du segment.

La mesure d'un segment quelconque ABCE (*fig.* 77) est facile à trouver lorsqu'on sait celle du cercle; car, qu'on tire les lignes AT et CT au centre T de l'arc, on formera une figure ABCT, appelée *secteur*, dont l'aire sera au cercle comme l'arc ABC est à la circonférence entière, et qui par conséquent aura pour mesure le produit de la moitié du rayon AT par l'arc ABC. Or le secteur étant déterminé, il ne faudra plus qu'en retrancher le triangle ACT pour avoir le segment ABCE.

11.

Trouver le centre d'un arc de cercle quelconque.

Comme il arrive assez souvent que, lorsqu'on se propose de mesurer une figure telle que Y (*fig.* 71), on n'a pas le centre de l'arc HIK, et que cependant, sans ce centre, on ne saurait mesurer la figure, puisque la méthode précédente exige la connaissance du rayon, il faut que nous cherchions le centre d'un arc de cercle quelconque.

Soit ABC (*fig.* 78) l'arc de cercle proposé. Si l'on prend à volonté deux points A et B sur cet arc, et que de ces points, comme centres, on décrive les quatre arcs *goi, foh, lpk* et *mpn,* les deux premiers d'un rayon quelconque, et les deux autres ou de ce même rayon ou de tel autre rayon qu'on voudra, il est clair que le centre cherché de l'arc ABC sera sur la ligne *op* qui joindra les points d'intersection *o* et *p*.

Fig. 78.

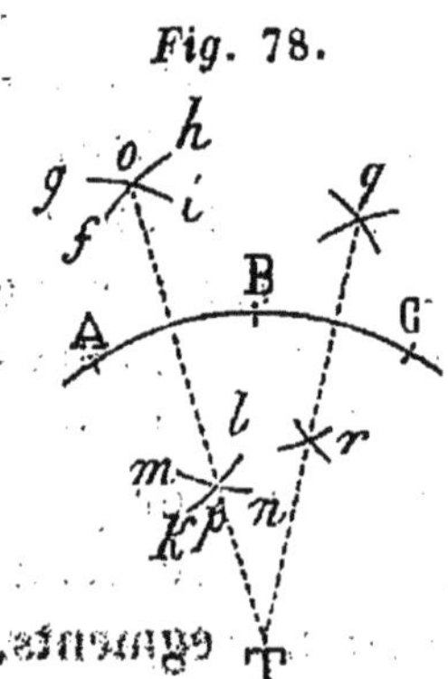

Choisissant ensuite un troisième point C sur l'arc ABC, et se servant de B et de C de la même manière qu'on s'est servi de A et de B, on aura une droite *qr*, sur laquelle devra encore se trouver le centre demandé; donc ce centre sera le point de rencontre T des lignes *op* et *qr*.

12.

Par trois points non en ligne droite on peut toujours faire passer un arc de cercle, et par conséquent on peut toujours circonscrire un cercle à un triangle.

Ainsi, quelque arrangement qu'on donne à trois points, pourvu qu'on ne les place pas en ligne droite, on pourra toujours les lier par un arc de cercle, ou, ce qui revient au même, quelle que soit la proportion des côtés AC (*fig.* 79) et BC d'un triangle ACB avec sa base, on pourra toujours circonscrire un cercle à ce triangle.

Fig. 79.

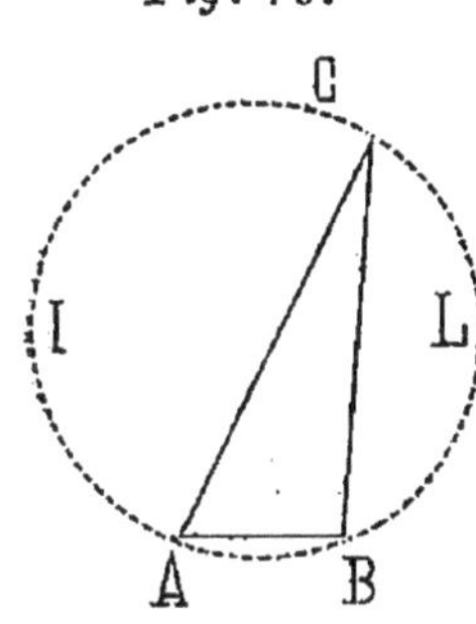

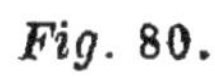

13.

Si d'un point quelconque de la circonférence d'un demi-cercle on tire deux droites aux extrémités du diamètre, on aura un angle droit.

Fig. 80.

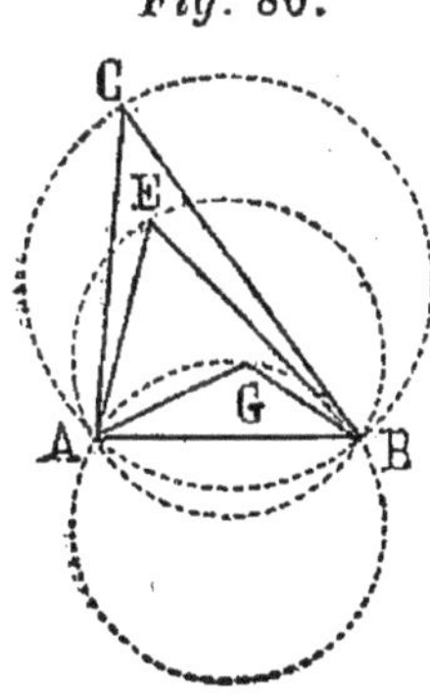

La méthode que nous venons de donner pour circonscrire un cercle à un triangle étant appliquée successivement à différents triangles ACB, AEB et AGB (*fig.* 80), plus ou moins élevés à l'égard de leur base AB, on s'aperçoit qu'en passant d'un triangle ACB, dont l'angle au sommet est fort aigu, à d'autres triangles AEB et AGB, dont l'angle au sommet est plus ouvert, le centre du cercle circonscrit s'approche continuellement de AB, et que ce centre passe ensuite au-dessous de AB lorsque l'angle au sommet AGB a atteint une certaine ouverture. Or, voyant passer ce centre au-dessous de AB, après l'avoir vu au-dessus, il doit venir dans l'esprit de chercher de quelle espèce est le triangle AFB (*fig.* 81), lorsque le cercle circonscrit a son centre sur AB même.

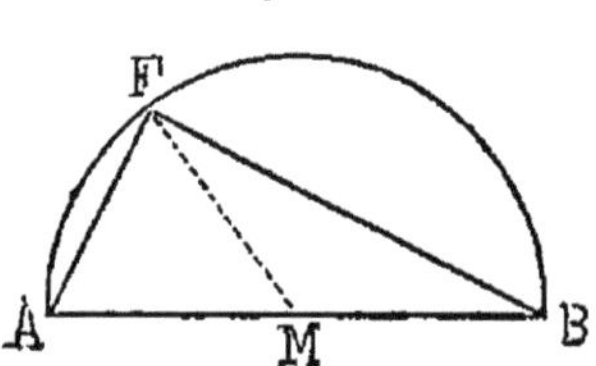

Fig. 81.

Pour connaître ce triangle AFB, on commencera par remarquer que, dans ce cas particulier, la portion du cercle circonscrite au triangle doit être exactement un demi-cercle. En effet, le centre du cercle devant se trouver sur la base AB, dont les deux extrémités sont, par la supposition, dans la circonférence, le centre M ne pourra pas manquer d'être situé précisément au milieu de AB, de sorte que AB sera nécessairement un diamètre.

On verra ensuite que, de quelque point F du demi-cercle qu'on tire les lignes FA et FB, l'angle AFB sera droit; car menant FM, les deux triangles AFM et MFB seront isocèles : donc les deux angles AFM et MFB seront respectivement égaux aux angles FAM et FBM, ou, ce qui revient au même, l'angle total AFB égalera la somme des deux angles FAM et FBM; mais les trois angles AFB, FAM et FBM, pris ensemble, valent deux droits : donc l'angle AFB sera droit.

Ainsi, si l'on décrit sur la base AB un triangle rectangle quelconque, ce triangle aura la propriété demandée d'être inscrit dans un cercle dont le centre est sur la base.

14.

Tout angle inscrit, c'est-à-dire qui a le sommet sur la circonférence, a pour mesure la moitié de l'arc compris entre ses côtés.

Cette propriété du cercle, que l'angle qui a son sommet dans la demi-circonférence et qui est appuyé sur le diamètre est toujours droit, porte à chercher si les autres parties du cercle n'auraient pas quelque propriété analogue; si, par exemple, les angles ACB, AEB et AFB (*fig.* 82), pris dans un segment ACEFB, ne seraient pas tous égaux entre eux, ainsi que le sont ceux du demi-cercle.

Fig. 82.

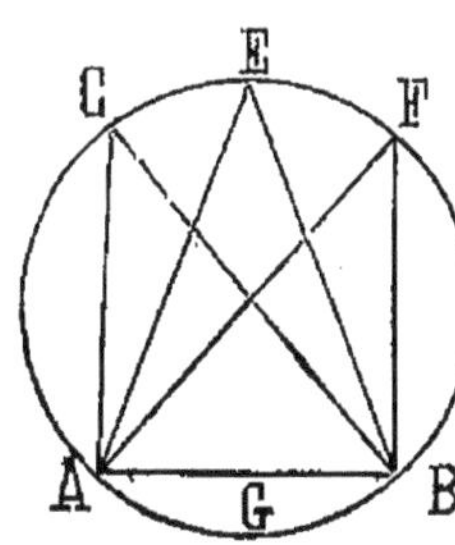

Pour nous en assurer, nous commencerons par chercher la valeur d'un de ces angles, et nous verrons ensuite si les autres ont la même valeur. Nous prendrons, par exemple, l'angle AEB (*fig.* 83), dont le sommet E est placé au milieu de l'arc AEB. Comme la ligne EDG, qui passe par le centre D, coupe cet angle en deux parties égales, il suffira de mesurer l'angle AEG sa moitié, ou, ce qui revient au même, il suffira de savoir quelle partie l'angle AEG est d'un angle déjà mesuré, tel que ADG. Je dis que l'angle ADG est déjà mesuré, parce que nous savons que l'arc AG est sa mesure (Ire part., 52).

Fig. 83.

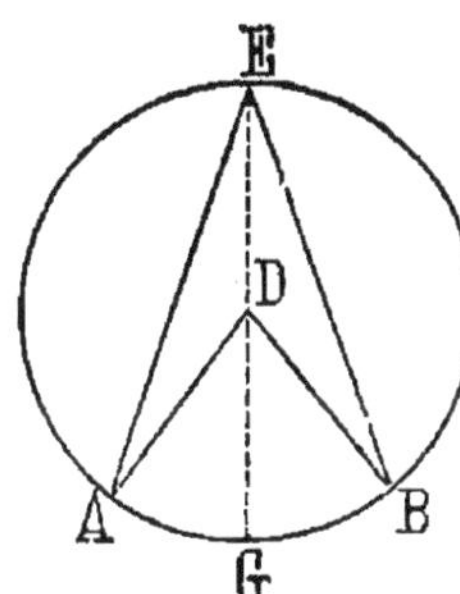

Si l'on fait attention que le triangle AED est isocèle, on verra facilement que l'angle AEG est la moitié de l'angle ADG; car les angles AED et EAD (Ire part., 31) sont égaux. Mais (Ire part., 67) ces deux angles, pris ensemble, valent l'angle extérieur ADG : donc l'angle AED ou AEG est la moitié de l'angle ADG.

Par la même raison, l'angle DEB sera la moitié de l'angle GDB : donc l'angle total AEB égalera la moitié de l'angle ADB; donc sa mesure sera la moitié de l'arc AGB.

15.

Tous les angles dont le sommet est à la circonférence et qui s'appuient sur le même arc, sont égaux, et ont pour commune mesure la moitié de l'arc sur lequel ils s'appuient.

L'angle AEB étant mesuré, pour savoir s'il est égal à chacun des autres angles qui ont leur sommet dans le même segment, il faut examiner si un de ces angles pris à volonté, AFB (*fig.* 84) par exemple, est aussi la moitié de l'angle au centre ADB. On s'en assurera facilement en tirant la droite FDG par le centre, car alors on verra que l'angle AFB sera composé de deux autres AFD et DFB, qui seront, par le numéro précédent, les moitiés des angles ADG et GDB; d'où l'on conclura que l'angle total AFB sera la moitié de l'angle ADB; et en appliquant le même raisonnement à tous les angles ACB, AEB et AFB (*fig.* 82), qui ont leurs sommets à la circonférence, et qui s'appuient sur le même arc AGB, on pourra conclure que ces angles sont égaux entre eux, ainsi que nous l'avions soupçonné dans le numéro précédent.

Fig. 84.

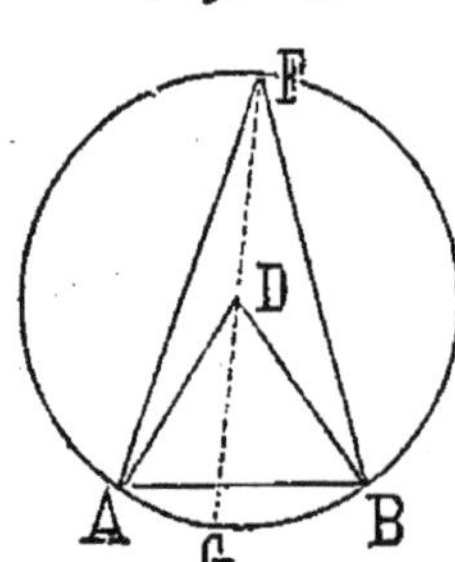

16.

La mesure de l'angle inscrit est encore la moitié de l'arc compris entre ses côtés, lorsque le diamètre mené par le sommet tombe hors de l'angle.

Parmi les différents angles qui ont leur sommet dans l'arc ACEFB (*fig.* 82), il y en a qui pourraient d'abord ne pas paraître compris dans la démonstration précédente : ce sont des angles AEB (*fig.* 85) tels, que la droite EDG, tirée par le centre, passe hors de l'angle ADB. Cependant, en remarquant toujours que l'angle DEA est la moitié de l'angle GDA, et l'angle DEB la moitié de l'angle GDB, on verra que l'angle AEB, excès de l'angle DEB sur l'angle DEA, sera, dans ce cas, la moitié de l'angle ADB, excès de l'angle GDB sur GDA.

Fig. 85.

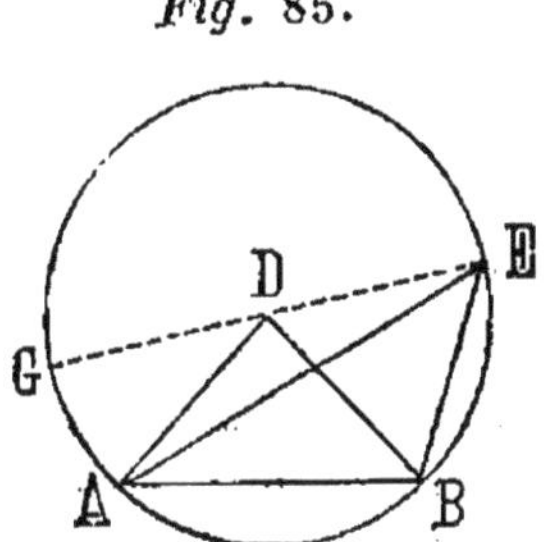

17.

L'angle inscrit dans un segment plus petit qu'un demi-cercle a pour mesure la moitié de l'arc compris entre ses côtés.

Par les figures dont nous nous sommes servis, il semblerait aussi que la démonstration précédente ne conviendrait qu'aux segments plus grands qu'un demi-cercle ; mais il est facile de voir qu'un angle quelconque, tel que AFB (*fig.* 86), qui aurait son sommet dans un segment plus petit qu'un demi-cercle, serait toujours composé de deux autres DFB et DFA, moitiés des angles BDG et ADG ; et par conséquent, que cet angle AFB

Fig. 86.

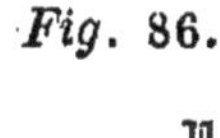

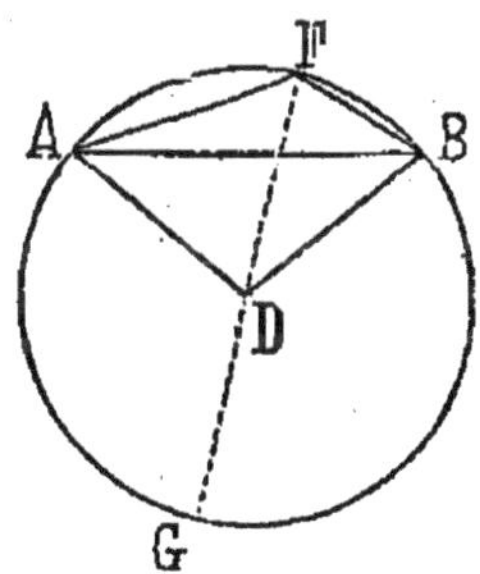

aurait pour mesure la moitié des deux arcs BG et AG, c'est-à-dire la moitié de l'arc AGB.

18.

La tangente au cercle est la ligne qui ne le touche qu'en un point. L'angle au segment est celui qui est fait par la corde et par la tangente. Sa mesure est la moitié de l'arc du segment.

Après avoir vu que dans un même segment les angles AEB, AFB et AHB (*fig.* 87), supposés à la circonférence, sont tous égaux, on est tenté de chercher ce que devient l'angle AQB lorsque son sommet se confond avec le point B, extrémité de la base AB. Cet angle s'évanouirait-il alors? Mais il ne paraît pas possible que, sans s'être resserré par degrés, il vienne tout à coup à s'anéantir. On ne voit pas quel serait le point au delà duquel cet angle cesserait d'exister; comment donc parviendra-t-on à en trouver la mesure? c'est une difficulté qu'on ne peut résoudre sans recourir à la géométrie de l'infini, dont tous les hommes ont au moins une idée imparfaite qu'il ne s'agit que de développer.

Fig. 87.

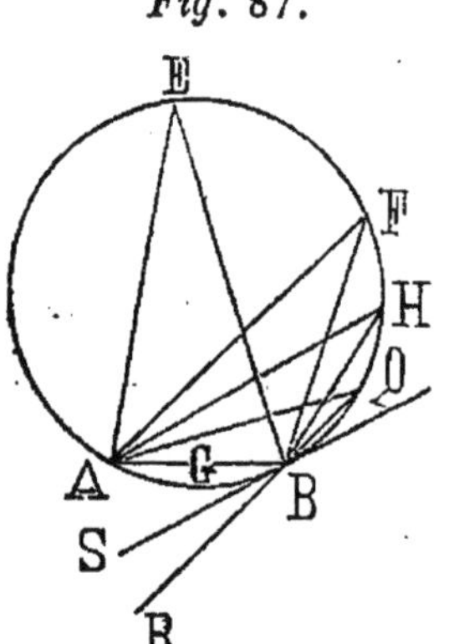

Observons d'abord que quand le point E s'approche de B, en devenant F, H, Q, etc., la droite EB diminue continuellement, et que l'angle EBA qu'elle fait avec la droite AB augmente de plus en plus. Mais, quelque courte que devienne la ligne QB, l'angle QBA n'en sera pas moins un angle, puisque pour le rendre sensible il ne faudrait que prolonger la ligne diminuée QB vers R. En doit-il être de même lorsque la ligne QB, à force de diminuer, s'est réduite enfin à zéro? qu'est devenue alors sa position? qu'est devenu son prolongement?

Il est évident qu'il n'est autre chose que la droite BS qui touche le cercle en un seul point B, sans le rencontrer en aucun autre endroit, et que, pour cette raison, on appelle *tangente*.

De plus, il est clair que pendant que la ligne EB diminue continuellement jusqu'à s'anéantir à la fin, la droite AE, qui devient successivement AF, AH et AQ, etc., s'approche toujours de AB, et qu'elle se confond enfin avec elle : donc l'angle à la circonférence AEB, après être devenu AFB, AHB et AQB, devient en dernier lieu l'angle ABS, fait par la corde AB et par la tangente BS; et cet angle, qu'on appelle *angle au segment*, doit toujours conserver la propriété d'avoir pour mesure la moitié de l'arc AGB.

Quoique cette démonstration soit peut-être un peu abstraite pour les commençants, j'ai cru à propos de la donner, parce qu'il sera très-utile à ceux qui voudront pousser leurs études jusqu'à la géométrie de l'infini de s'être accoutumés de bonne heure à de pareilles considérations.

Si cependant les commençants trouvaient cette démonstration au-dessus de leurs forces, il est aisé de les mettre à portée d'en découvrir une autre en leur expliquant la principale propriété des tangentes.

19.

La tangente est perpendiculaire au diamètre qui passe par le point de contact.

Fig. 88.

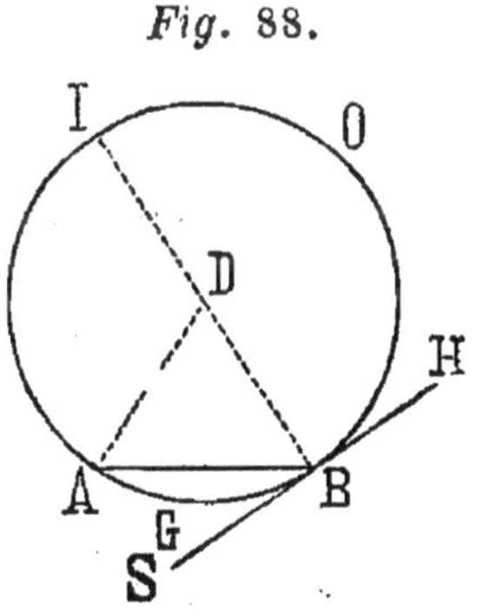

Cette propriété est qu'une tangente au cercle dans un point quelconque B (*fig.* 88) doit être perpendiculaire au diamètre IDB, qui passe par ce point; car comme la courbure du cercle est si uniforme qu'un diamètre quelconque IDB le partage en deux demi-cercles IAB et IOB, égaux et également situés à l'égard de ce diamètre, il faut que les deux parties BS et BH de la tangente commune à ces deux demi-cercles soient aussi également situées à l'égard de ce diamètre. Or, cela ne saurait être sans que IDB ne soit perpendiculaire à la tangente HBS.

20.

L'angle formé par une corde et une tangente a pour mesure la moitié de l'arc intercepté par ses côtés.

De ce qui précède on verra facilement pourquoi l'angle au segment ABS (*fig.* 88) a pour mesure la moitié de l'arc AGB.

Car l'angle ADB, joint avec les deux angles égaux DAB et DBA, fait (Ire part., 64) deux angles droits : donc la moitié de l'angle ADB, jointe avec l'angle DBA, fait un droit. Mais l'angle DBA, ajouté avec l'angle ABS, donne aussi un droit : donc l'angle ABS est égal à la moitié de l'angle ADB; donc la mesure de ABS sera la moitié de l'arc AGB.

21.

Segment capable d'un angle donné. Manière de construire ce segment.

La seconde démonstration que nous venons de donner de cette propriété du cercle, que l'angle ABS a pour mesure la moitié de l'arc AGB, fournit la solution du problème suivant.

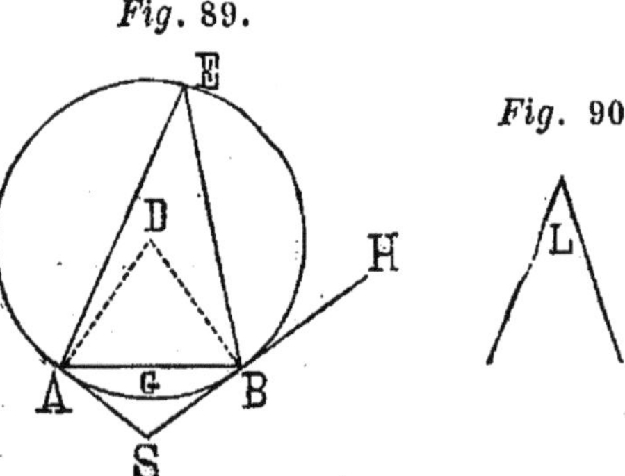

Fig. 89. *Fig.* 90.

Décrire sur AB (*fig.* 89 et 90) un segment de cercle capable de l'angle donné L, c'est-à-dire un segment AEB dans lequel tous les angles AEB à la circonférence soient égaux à l'angle L.

Pour résoudre ce problème, il faudra faire en A et en B les angles BAS et ABS, chacun égal à l'angle L, et élever sur AS et sur BS les deux perpendiculaires AD et BD. Leur rencontre D sera le centre de l'arc cherché AEB.

Car, par le n° 19, les droites BS et AS seront les tangentes du cercle dont le centre est D et le rayon AD ou BD, puisque BD ou AD sont perpendiculaires à BS et à AS. De plus, par le numéro précédent, l'angle ABS a pour mesure la moitié de AGB, et, par le n° 15, les angles tels que AEB sont aussi mesurés par la moitié de AGB : donc ces angles AEB seront égaux à ABS, c'est-à-dire à l'angle L, ainsi qu'on le demandait.

22.

Trouver la distance d'un lieu à trois autres dont les positions sont connues.

La découverte des propriétés des segments de cercle, que nous venons d'expliquer, est due vraisemblablement à la simple curiosité des géomètres; mais il en a été de cette découverte comme il en est tous les jours de beaucoup d'autres : ce qu'on ne croyait pas d'abord utile le devient par la suite. On a fait dans la pratique des applications fort heureuses des propriétés du cercle que nous venons de démontrer. Je ne donnerai qu'une seule de ces applications; on la trouve dans la solution du problème suivant, qui est souvent nécessaire dans la géographie.

A, B et C (*fig.* 91) sont trois lieux dont on connaît les distances respectives AB, BC et AC; il s'agit de savoir à quelle distance de ces lieux est un point D, d'où l'on peut les voir tous les trois, mais d'où l'on ne peut sortir pour opérer sur le terrain.

On commencera par tracer sur le papier trois points *a*, *b* et *c* (*fig.* 91 et 92) qui soient situés entre eux de

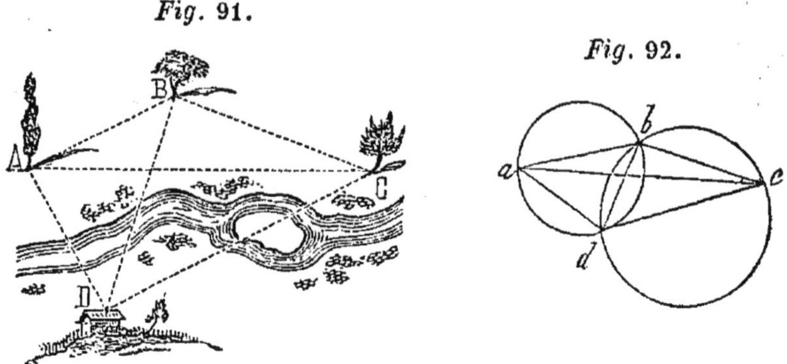

Fig. 91. *Fig.* 92.

la même manière que les trois points A, B et C, c'est-à-dire, en langage géométrique, qu'on fera le triangle *abc* semblable au triangle ABC.

Ayant mesuré ensuite avec le demi-cercle la grandeur des angles ADB et BDC, on fera sur *ab* le segment de cercle *adb* capable de l'angle ADB, et sur la droite *bc*, le segment de cercle *bdc* capable de l'angle BDC. La rencontre *d* de ces deux segments désignera, sur le papier, la position du lieu D, c'est-à-dire que les lignes *da* *db* et *dc* seront en même rapport, à l'égard de *ab, bc* et *ac*, que les distances cherchées DA, DB et DC, à l'égard des distances données AB, BC et AC : ce qui n'a pas besoin de démonstration après ce qu'on a vu sur les figures semblables.

23.

Deux cordes se coupant dans un cercle, le rectangle des parties de l'une est égal au rectangle des parties de l'autre.

On pourrait facilement démontrer que la pratique a tiré bien d'autres secours des propriétés du cercle qu'on vient de démontrer; mais il est plus à propos de passer à d'autres propriétés du cercle, qui ont été tirées des précédentes et qui ont eu aussi leur utilité.

Pour procéder par ordre à la découverte de ces propriétés, nous commencerons par remarquer que deux angles quelconques EDC et EBC (*fig.* 93), qui s'appuient sur le même arc EC, étant égaux, il s'ensuit que les triangles DAE et BAC ont les angles égaux, c'est-à-dire (Ire part., 39) que ces triangles sont semblables.

Fig. 93.

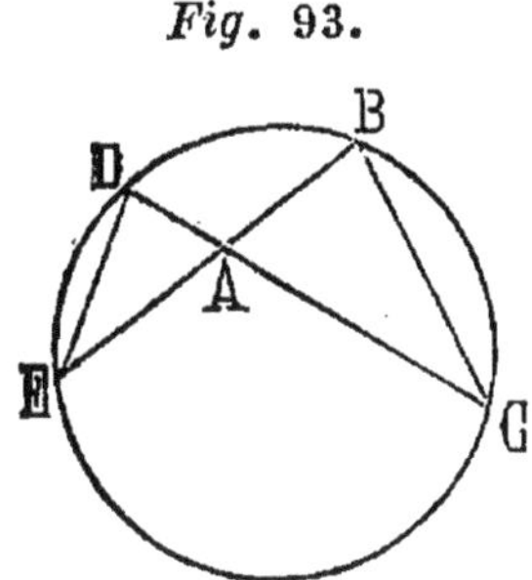

Car, par la même raison que l'angle EDC est égal à l'angle EBC, l'angle DEB sera égal à l'angle DCB; et quant aux angles DAE et BAC, ils seront visiblement égaux, soit parce qu'ils sont faits de mêmes lignes, soit parce que deux triangles, dont l'un a deux angles respectivement égaux à deux angles de l'autre, ont aussi nécessairement le troisième angle égal (Ire part., 38).

Pour reconnaître plus facilement ensuite dans les triangles ADE et ABC (*fig.* 93 et 94) les propriétés générales des triangles semblables, nous appliquerons le triangle DAE sur le triangle BAC, en posant AD sur AB et AE sur AC, afin que DE soit parallèle à BC. Nous nous rappellerons alors,

Fig. 94.

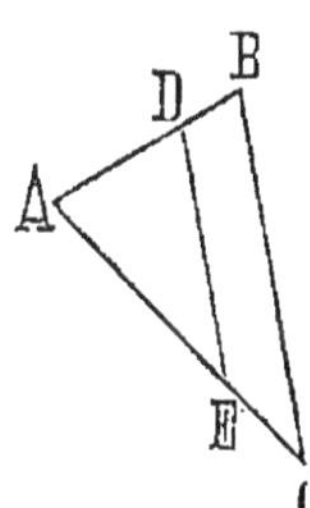

1° Que si deux triangles ADE et ABC sont semblables, les quatre côtés AC, AE, AB et AD sont en proportion (Ire part., 39);

2° Que, dans toute proportion, le produit des extrêmes est égal au produit des moyens (IIe part., 8); et nous conclurons de là que le rectangle ou le produit de AC par AD est égal au rectangle de AE par AB; propriété du cercle très-remarquable, et qu'on peut énoncer ainsi : Si dans un cercle on tire à volonté deux droites qui se coupent, le produit des deux parties de la première est égal au produit des deux parties de la seconde.

24.

Le carré d'une perpendiculaire quelconque au diamètre d'un cercle est égal au rectangle des deux parties du diamètre.

Si les deux droites BE et DC (*fig.* 95) se coupaient

Fig. 95.

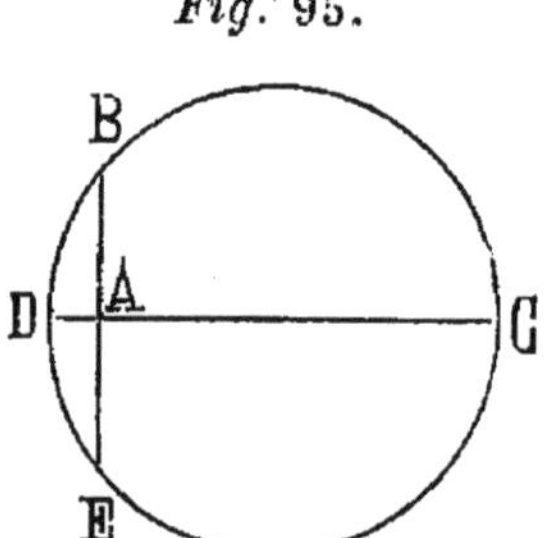

perpendiculairement, et que l'une de ces deux droites fût un diamètre DC, il est clair que les deux parties AB et AE de l'autre droite BE seraient égales entre elles; de sorte que la propriété précédente s'énoncerait ainsi dans ce cas particulier : Si sur le diamètre DC d'un cercle on élève une perpendiculaire quelconque AB, le carré de cette perpendiculaire sera égal au rectangle de AD par AC.

25.

Changer un rectangle en un carré.

Il arrive souvent qu'on a besoin de changer un rectangle en un carré : le numéro précédent en fournit un moyen facile.

Fig. 96.

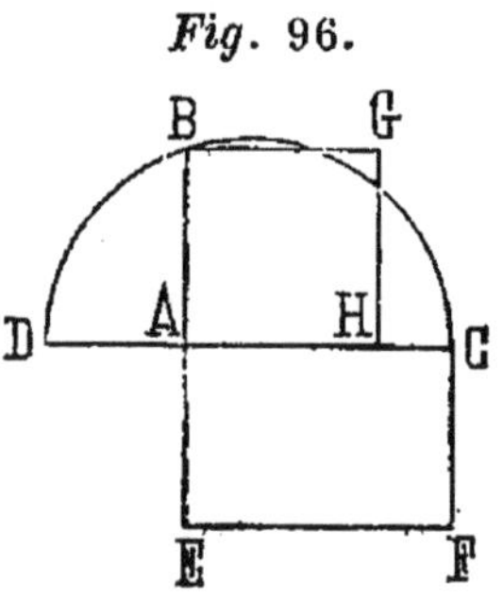

Soit ACFE (*fig.* 96) le rectangle proposé; on prolongera AC en D, de sorte que AD soit égal à AE, et l'on décrira le demi-cercle DBC, dont le diamètre soit DC. Prolongeant ensuite le côté EA jusqu'à ce qu'il rencontre le demi-cercle, on aura AB pour le côté du carré cherché ABGH, égal au rectangle donné ACFE.

26.

Moyenne proportionnelle entre deux lignes droites. Manière de la trouver.

On propose souvent un problème qui n'est que celui que nous venons de résoudre présenté autrement ; c'est de trouver une ligne qui soit moyenne proportionnelle entre deux lignes données. On entend alors par la moyenne proportionnelle la ligne qui est aussi grande par rapport à la plus petite des deux lignes données qu'elle est petite par rapport à la plus grande, c'est-à-dire que si AB, par exemple, est moyenne proportionnelle entre AD et AC, on pourra dire que AD est à AB comme AB est à AC. Il est facile de reconnaître que ce problème est le même que le précédent, puisque (IIe part., 8) le produit de AD par AC, c'est-à-dire le rectangle de ces deux lignes, sera égal au produit de AB par AB, c'est-à-dire au carré de AB.

Donc, lorsqu'on voudra trouver une moyenne proportionnelle entre deux lignes données, on changera le rectangle de ces deux lignes en un carré dont le côté sera la ligne cherchée.

27.

Autre manière de trouver une moyenne proportionnelle.

On peut encore trouver une moyenne proportionnelle entre deux lignes, d'une autre manière qui suit de la propriété du cercle expliquée dans le n° 13. Supposons que AC (*fig.* 97) soit la plus grande des deux lignes données, et AD la plus petite ; on élèvera DB perpendiculairement sur AC, et le point B, où elle rencontrera le demi-cercle ABC

Fig. 97.

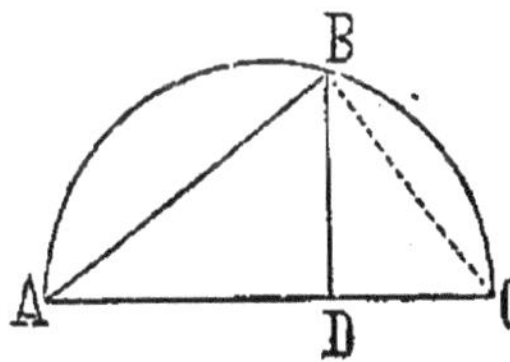

tracé sur le diamètre AC, donnera la ligne AB, moyenne proportionnelle entre AD et AC, car en tirant BC il est clair que le triangle ABC sera rectangle en B : donc (Ire part., 38) ce triangle sera semblable au triangle ABD, puisque ces deux triangles ont d'ailleurs l'angle A commun; mais si les triangles ADB et ABC sont semblables, ils ont leurs côtés proportionnels : donc AD est à AB comme AB est à AC; donc AB est moyenne proportionnelle entre AD et AC.

28.

Changer une figure rectiligne en un carré.

Si l'on voulait changer une figure rectiligne quelconque en un carré, il ne faudrait, pour ramener ce problème au n° 25, que faire de cette figure un rectangle; ce qui serait fort facile, puisque les figures rectilignes ne sont que des assemblages de triangles, que chaque triangle est la moitié d'un rectangle qui a même base et même hauteur, et que tous les rectangles provenus des triangles ne seront plus qu'un seul rectangle, en leur donnant à tous une hauteur commune (IIe part., 6).

29.

Changer en un carré les figures dont les contours renferment des arcs de cercle.

Les figures dont les contours renfermeront des arcs de cercle pourront aussi être changées en carrés lorsqu'on aura mesuré par pratique la longueur des arcs dont elles seront composées; car on pourra alors changer ces figures, ainsi que les rectilignes, en rectangles. On aura recours pour cela aux nos 9 et 10, où l'on a appris à mesurer toutes sortes de figures circulaires.

30.

Faire un carré qui soit à un autre dans un rapport donné.

On tire encore de la propriété du cercle expliquée dans le nº 24 une méthode bien facile pour faire un carré qui soit à un carré donné, en raison donnée, problème que nous avions promis dans le nº 22 de la seconde partie.

Supposons, par exemple, qu'on se propose de faire un carré qui soit au carré ABCD (*fig.* 98) comme la ligne M est à la ligne N. On divisera (Ire part., 41) le côté CB au point E, de manière que CB soit à BE comme la ligne N est à la ligne M; menant ensuite la parallèle EF à AB, le rectangle ABEF aura la même superficie que le carré demandé : donc il ne s'agira plus que de changer ce rectangle en un carré.

Fig. 98.

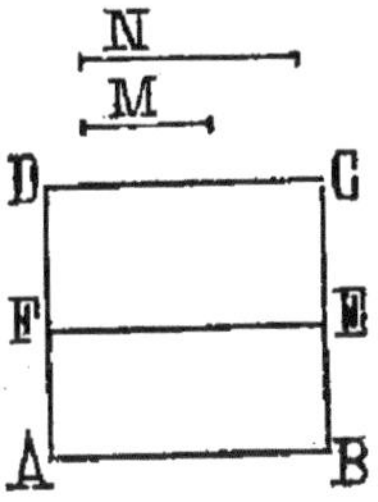

31.

Faire un polygone qui soit en raison donnée avec un polygone semblable.

Si l'on veut faire un polygone HIKLM (*fig.* 99 et 100) qui soit à un polygone semblable ABCDE dans la raison de la ligne X à la ligne Y, on commencera par faire sur le côté AB du polygone donné ABCDE, le carré ABGF; ensuite on cherchera un autre carré QOIH, qui soit

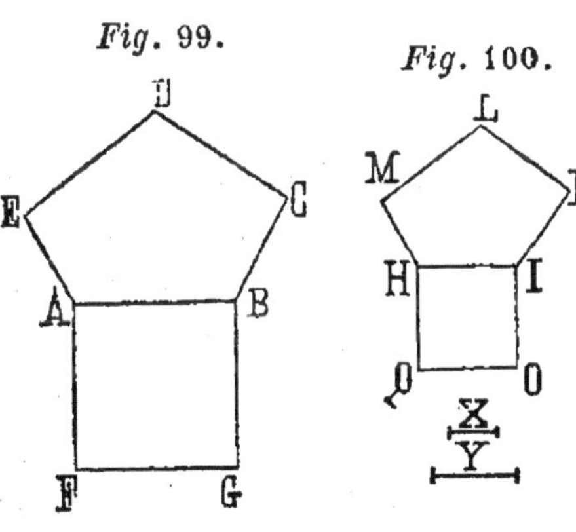

Fig. 99. *Fig.* 100.

au carré ABGF comme la ligne X est à la ligne Y; et alors décrivant sur le côté HI de ce carré un polygone HIKLM, semblable au premier ABCDE, ce nouveau polygone sera celui qu'on demande. La raison en est bien facile à trouver, si l'on se rappelle (Ire part., 48) que les figures semblables sont entre elles comme les carrés de leurs côtés homologues.

32.

Faire un cercle qui soit à un autre cercle en raison donnée.

Si l'on voulait faire un cercle dont l'aire fût à celle d'un cercle donné comme X est à Y, il faudrait construire un carré qui fût au carré du rayon de ce premier cercle comme X est à Y, et le côté de ce nouveau carré serait le rayon du cercle demandé.

33.

Si d'un point pris hors d'un cercle on mène deux sécantes terminées à l'arc concave, les rectangles construits sur les sécantes entières et leurs parties extérieures sont équivalents.

Voici encore une propriété du cercle, tirée de celle qui a fourni les problèmes précédents.

Fig. 101.

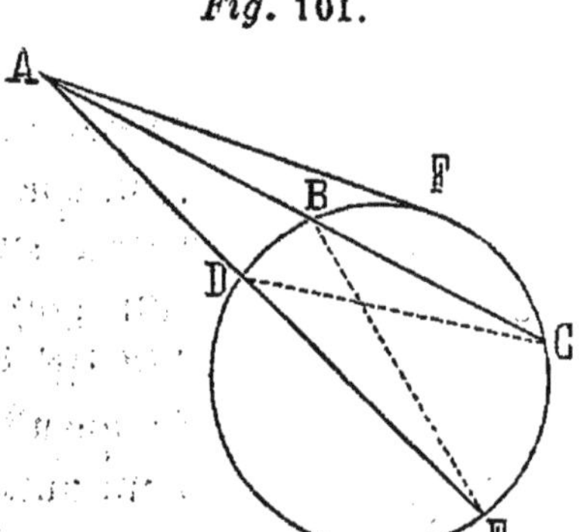

Si d'un point A (*fig.* 101), pris hors d'un cercle, on mène à volonté deux droites ABC et ADE, qui coupent chacune la circonférence en deux points, et qu'on mène les droites CD et EB, les triangles ACD et AEB seront semblables, puisque l'angle A est commun aux deux triangles, et qu'ils ont d'ailleurs les angles à la circonférence C et E égaux. Or, de ce que les triangles ACD et AEB sont semblables, il s'ensuit que les quatre lignes AB, AD, AE et AC sont en proportion, et par conséquent que le rectangle des deux droites AB et AC est égal au rectangle des deux droites AD et AE; ce qui peut s'exprimer ainsi : Si d'un point quelconque A, pris hors d'un cercle, on tire à volonté deux lignes droites AC et AE qui traversent ce cercle, le rectangle de la droite AC, par sa partie extérieure AB, sera égal au rectangle de la droite AE par sa partie extérieure AD.

34.

Si d'un point extérieur à un cercle on mène une tangente et une sécante, le carré de la tangente est équivalent au rectangle qui aurait pour base la sécante entière, et pour hauteur sa partie extérieure.

Lorsque la droite qui part du point A (*fig.* 101), au lieu de couper le cercle, ne fait simplement que le toucher, ainsi que AF, la propriété précédente se change en celle-ci : le carré d'une tangente AF est égal au rectangle produit par la sécante quelconque AE et par sa partie extérieure AD. Ce qui est bien facile à démontrer; car regardant la droite AF, qui touche le cercle, comme une ligne qui le couperait en deux points infiniment proches, les lignes AB et AC ne sont alors qu'une même ligne AF, et, au lieu du rectangle de AB par AC, on a le carré de AF.

35.

D'un point pris hors d'un cercle, mener une tangente à ce cercle.

La proposition démontrée dans le numéro précédent, en nous apprenant la valeur du carré de la tangente AF (*fig.* 102), ne nous apprend pas à tirer cette tangente du point donné A. Pour la tirer, on se rappellera (19) que le rayon FG est perpendiculaire à la tangente FA. Ainsi, il ne s'agit que de trouver sur le cercle donné le point F, tel que l'angle AFG soit droit : donc, en décrivant sur AG un demi-cercle, le point où il coupera le cercle FKO sera (13) le point cherché F.

Fig. 102.

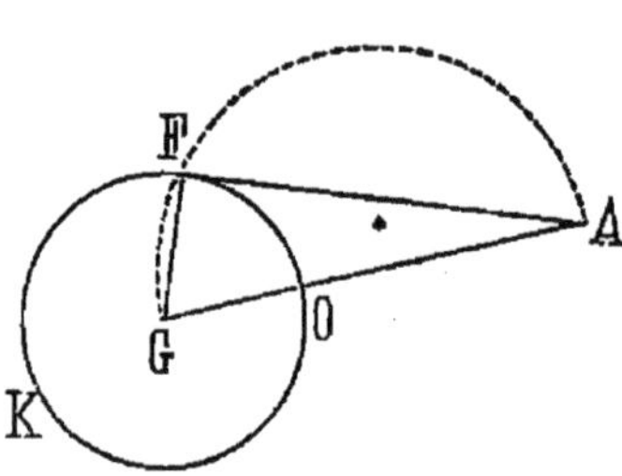

QUATRIÈME PARTIE.

MESURE DES SOLIDES ET DE LEURS SURFACES.

Les principes que nous avons établis dans les trois premières parties de cet ouvrage pourraient nous suffire pour résoudre des problèmes beaucoup plus difficiles que ceux que nous allons nous proposer; mais il est plus dans l'ordre que nous avons suivi précédemment de passer maintenant à la mesure des solides, c'est-à-dire des étendues terminées qui ont à la fois trois dimensions, longueur, largeur et profondeur.

Cette recherche a été, sans doute, un des premiers objets qui aient pu fixer l'attention des géomètres. On aura voulu savoir, par exemple, combien il y avait de pierres de taille dans un mur dont la hauteur AD (*fig*. 103), la largeur AB et la profondeur ou épaisseur BG étaient connues. On se sera proposé de déterminer la quantité d'eau que contenait un fossé ou un réservoir ABCD (*fig* 104); on aura voulu trouver la solidité d'une tour, d'un obélisque, d'une maison, d'un clocher, etc.

Fig. 103. *Fig*. 104.

Pour traiter les figures qui ont les trois dimensions de la même manière que nous avons traité celles qui n'en ont que deux, nous commencerons par examiner les solides qui sont terminés par des plans.

Nous n'aurons pas besoin de parler de la manière de mesurer les surfaces de ces corps; elles ne peuvent être que des assemblages de figures rectilignes, et par conséquent leur mesure dépend de ce qui a été dit dans la première partie.

1.

Le cube est une figure solide terminée par six carrés. C'est la commune mesure des solides.

Pour mesurer la solidité des corps, il est naturel de les rapporter tous au solide le plus simple, ainsi que pour mesurer les surfaces on les a toutes rapportées au carré. Or, le solide le plus simple, c'est le cube, qui en effet est en solide ce que le carré est en superficie; c'est-à-dire que c'est un espace tel que *abcdefgh* (*fig.* 105), dont la longueur, la largeur et la profondeur sont égales, ou, ce qui revient au même, c'est une figure terminée par six faces égales qui sont des carrés.

Fig. 105.

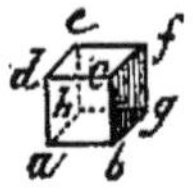

On appelle *côté du cube* le côté des carrés qui lui servent de faces.

Par un *mètre cube*, on entend un cube dont le côté est d'un mètre; de même, un *décimètre cube* est un cube dont le côté est d'un décimètre; enfin un *centimètre cube* est un cube dont chaque côté est un centimètre.

2.

Le parallélipipède rectangle est un solide terminé par six rectangles.

Les solides qu'on a le plus communément à mesurer sont des figures ABCDEFGH (*fig.* 103) terminées par six faces rectangles ABCD, CBGF, CFED, DEHA, GFEH et ABGH. On appelle ces solides des *parallélipipèdes rectangles,* parce que leurs faces opposées, conservant dans tous leurs points la même distance l'une de l'autre, sont dites parallèles, de même que les lignes ont aussi été nommées *parallèles* lorsqu'elles conservaient partout la même distance.

3.

Mesure du parallélipipède.

Si l'on se propose de mesurer des solides de cette espèce, l'analogie de ce problème avec celui où il s'est agi de la mesure des surfaces rectangles donnera un moyen facile de le résoudre.

On commencera par mesurer séparément la longueur AD (*fig.* 103), la largeur AB et la profondeur BG de la figure proposée, en mètres, décimètres et centimètres; on multipliera ensuite l'un par l'autre les trois nombres qu'on aura trouvés, et le produit de cette multiplication exprimera combien le parallélipipède contiendra de mètres cubes, de décimètres cubes et de centimètres cubes. Pour mieux montrer comment se fait cette opération, nous allons en donner un exemple.

Supposons que la longueur AD soit de 6 mètres, la largeur AB de 5 mètres, et la profondeur BG de 4 mètres, le rectangle ABCD (Ire part., 11) aura 30 mètres carrés. Si l'on imagine ensuite que toutes les lignes BG, CF, DE et AH, qui mesurent toutes également la profondeur du solide, soient partagées chacune en quatre parties égales, et que par les points de division correspondants on fasse passer autant de plans parallèles les uns aux autres; ces plans diviseront le parallélipipède proposé en quatre autres parallélipipèdes qui auront chacun un mètre de profondeur et qui seront tous égaux. Or, l'inspection seule de la figure fait voir que le premier de ces parallélipipèdes contient 30 mètres cubes, puisque sa face extérieure ABCD contient 30 mètres carrés : donc le solide total ABCDEFGH contiendra 4 fois 30 ou 120 mètres cubes.

4.

Les parallélipipèdes rectangles sont produits par un rectangle qui se meut parallèlement à lui-même.

Nous ne nous arrêterons point à expliquer les différents moyens que l'on peut employer dans la pratique pour construire des parallélipipèdes, parce que ces moyens sont, pour la plupart, si faciles à trouver, qu'il n'y a personne qui ne les puisse imaginer. Mais nous donnerons la formation suivante du parallélipipède, qui est plus utile à considérer que toutes les autres.

Si l'on conçoit qu'un carré ou rectangle ABGH (*fig.* 103) se meuve parallèlement à lui-même, de sorte que ses quatre angles A, B, G et H parcourent chacun une des quatre lignes AD, BC, GF et HE, perpendiculaires au plan du rectangle ABGH; ce rectangle, par le mouvement que nous venons de décrire, formera le parallélipipède ABCDEFGH.

5.

La ligne perpendiculaire à un plan est celle qui ne penche d'aucun côté sur ce plan. Il en est de même du plan perpendiculaire à un autre plan.

Il est presque inutile d'avertir que par une ligne perpendiculaire à un plan nous entendons une ligne qui ne penche d'aucun côté sur ce plan; et de même, qu'un plan qui ne penche pas plus d'un côté que d'un autre sur un second plan est dit *perpendiculaire* à ce second plan. Ces deux définitions sont analogues à celle que nous avons donnée d'une ligne perpendiculaire à une autre ligne.

6.

La ligne qui est perpendiculaire à un plan est perpendiculaire à toutes les lignes de ce plan qui partent du point où elle tombe.

La ligne AB (*fig.* 106), étant perpendiculaire au plan X, doit être perpendiculaire à toutes les lignes AC, AD, AE, etc., qui partent du pied A de cette ligne et qui sont dans ce plan ; car il est évident que si elle penchait sur une de ces lignes, elle serait inclinée vers quelque côté du plan : donc elle ne lui serait pas perpendiculaire.

Fig. 106.

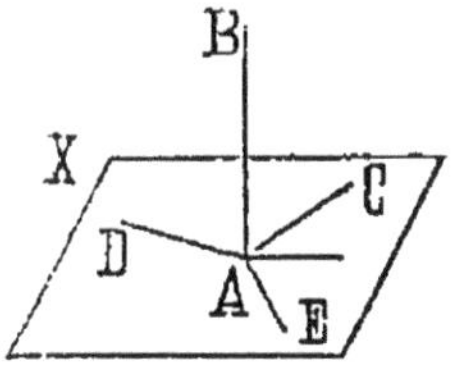

7.

Autre manière de démontrer qu'une ligne droite étant perpendiculaire à un plan est perpendiculaire à toutes les droites de ce plan passant par le point où elle tombe.

Pour se représenter d'une façon bien sensible comment la ligne AB peut être perpendiculaire à toutes les lignes qui partent de son extrémité A, on n'aura qu'à faire une figure en relief de la manière suivante :

On construira de quelque matière unie et facile à plier, comme du carton, un rectangle FGDE (*fig.* 107) partagé en deux parties égales par la droite AB perpendiculaire aux côtés ED et FG ; on pliera ensuite ce rectangle, en sorte que le pli soit le long de la ligne AB (*fig.* 108) et on

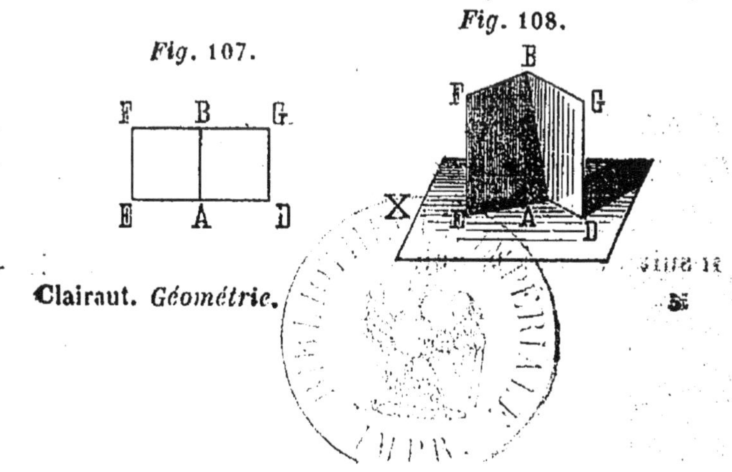

Fig. 107.

Fig. 108.

le portera tout plié sur le plan X. Il est évident que, quelle que soit l'ouverture que l'on donne aux deux parties FBAE et GBAD d rectangle plié EADGBF, ces deux parties resteront toujours appliquées sur le plan X, sans que la ligne AB change de position par rapport à ce plan : cette droite AB sera donc perpendiculaire à toutes les lignes qui partent de son pied et qui seront dans le plan X, puisque les côtés AE et AD du rectangle plié s'appliqueront successivement sur chacune de ces lignes par le mouvement que nous venons de décrire.

8.

Manière simple d'élever ou d'abaisser des lignes perpendiculaires à des plans.

On tire de la construction précédente une pratique bien commode pour élever, d'un point donné sur un plan, une ligne perpendiculaire à ce plan, ou pour abaisser d'un point pris hors d'un plan une ligne qui soit perpendiculaire à ce plan. Car, que le point proposé soit dans le plan, en A (*fig.* 109) par exemple, ou qu'il soit hors du plan, comme en H, on pourra toujours faire avancer le rectangle EFBGDA sur le plan X, jusqu'à ce que le pli AB touche le point donné ; et AB deviendra, dans les deux cas, la perpendiculaire demandée.

Fig. 109.

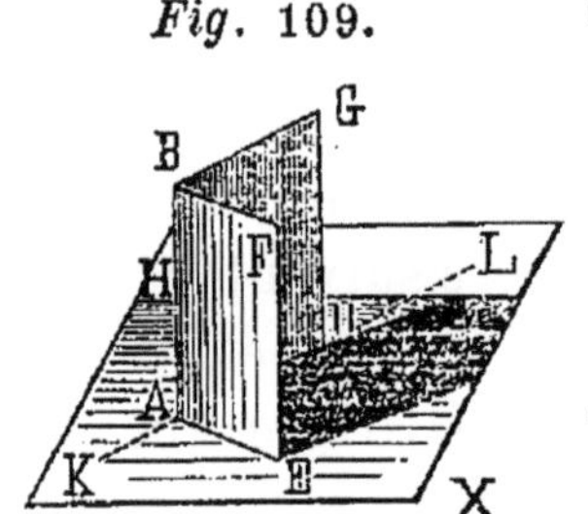

9.

Une ligne est perpendiculaire à un plan quand elle est perpendiculaire à deux lignes de ce plan qui partent du point où elle tombe.

Il suit aussi de là que la ligne AB sera perpendiculaire à un plan X toutes les fois qu'elle sera perpendiculaire à deux lignes AE et AD de ce plan; car alors AB pourra être regardée comme le pli d'un rectangle dont l'un des côtés pliés s'appliquerait sur AE et l'autre sur AD. Or ce pli ne pourrait manquer d'être perpendiculaire au plan X.

10.

Manière d'élever un plan perpendiculaire à un autre.

Si l'on veut élever sur une ligne quelconque KL (*fig.* 109) un plan perpendiculaire au plan X dans lequel est cette ligne, on pourra se servir encore pour cela du rectangle plié GBFEAD; car il ne faudra que poser sur la ligne KL le côté AD d'une des parties ADGB de ce rectangle plié, et le plan de cette partie ADGB sera celui que l'on demande.

11.

Mener un plan parallèle à un autre.

On verra facilement que si l'on posait un troisième plan Y (*fig.* 110) sur les deux côtés EB et BG du même rectangle plié, ce plan Y serait encore perpendiculaire à la ligne AB, et par conséquent parallèle au plan X.

Fig. 110.

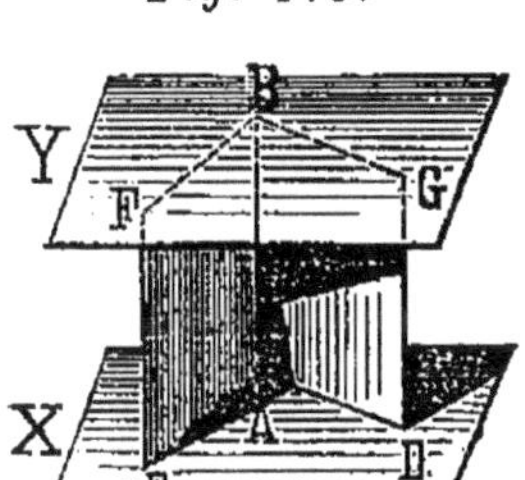

Donc, si à un plan X on élève trois perpendiculaires EF, AB et DG d'égale longueur, et qui ne soient pas posées en ligne droite, le plan Y, qui passera par les trois points F, B et G, sera nécessairement parallèle au plan X.

12.

Mesurer l'inclinaison d'un plan sur un autre.

Lorsque deux plans ne seront pas parallèles, il sera

facile de connaître l'angle qu'ils feront entre eux, en se servant encore de notre rectangle plié. Pour en venir à bout, nous appliquerons l'une des deux parties ABGD (*fig.* 111) de ce rectangle sur le plan X ; il est évident que EAD, ou son égal FBG, mesurera l'inclinaison du plan EABF sur le plan DABG. Or, si l'on remarque que AB est la commune section de ces plans, et que EA et AD sont chacune perpendiculaires à AB, on en tirera sans peine la règle suivante :

Fig. 111.

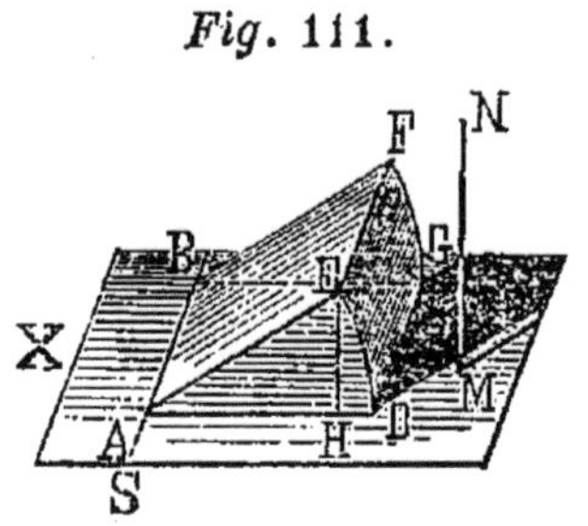

Deux plans qui ne sont pas parallèles étant donnés, il faut commencer par trouver la ligne droite qui est leur commune section; ensuite, d'un point quelconque de cette ligne, on lui mène deux perpendiculaires qui soient chacune dans un de ces plans, et l'angle que font entre elles ces deux perpendiculaires mesure l'angle que les deux plans donnés font entre eux.

13.

Mesurer l'inclinaison d'une ligne sur un plan.

Comme on s'aperçoit sans peine que, pendant le mouvement de ABFE autour du pli AB, la droite AE, dont l'extrémité E décrit un arc de cercle ED, ne sort jamais d'un plan EAHD perpendiculaire au plan X, et que l'inclinaison de la droite EA sur le plan X n'est autre chose que l'angle EAD, on découvre encore très-facilement que l'inclinaison d'une droite quelconque EA sur le plan X est mesurée par l'angle EAH, fait entre cette ligne et la ligne AD, qui passe par A et par le point H du plan X, où tombe la perpendiculaire EH abaissée sur ce plan d'un point quelconque E de la droite AE.

14.

Autre manière d'abaisser une ligne perpendiculaire à un plan donné.

L'inspection seule de la figure dont on vient de se servir dans le numéro précédent fournit un nouveau moyen d'abaisser d'un point E, hors d'un plan X, une ligne EH perpendiculaire à ce plan.

Ayant tiré une ligne quelconque BAS dans le plan X, on abaissera du point donné E la perpendiculaire EA à cette ligne. Cela fait, du point A où cette perpendiculaire tombe, on élèvera dans le plan X la perpendiculaire AD à AB, et, abaissant ensuite du point donné E à la droite AD la perpendiculaire EH, cette ligne sera la perpendiculaire au plan X.

15.

Seconde manière d'élever une ligne perpendiculaire à un plan donné.

On tire de là une seconde manière d'élever à un plan X (*fig.* 111) une perpendiculaire MN, d'un point M donné sur ce plan.

Ayant abaissé d'un point quelconque E, pris hors du plan X, la perpendiculaire EH à ce plan, on mènera par le point donné M la droite MN qui soit parallèle à HE, et elle sera la perpendiculaire au plan X.

16.

Le prisme droit est une figure solide dont les deux bases opposées sont deux polygones égaux, et les autres faces, des rectangles.

Après le parallélipipède, le solide le plus simple est le prisme droit. C'est une figure ABCDEFGHIKLM (*fig.* 112) dont les deux bases opposées et parallèles sont deux polygones égaux, et tellement placés, que les côtés GF, FE, etc., de l'un soient parallèles aux côtés BC, CD, etc., de l'autre, et dont les autres faces sont des rectangles ABGH, BGFC, etc.

Fig. 112.

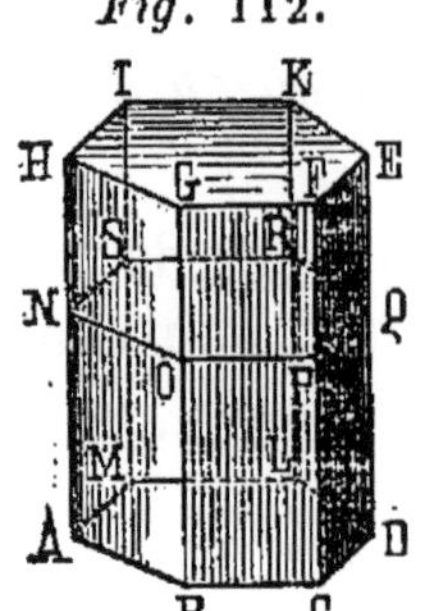

17.

Formation des prismes droits.

Les géomètres supposent ces figures formées, ainsi que les parallélipipèdes, par une base ABCDLM qui se meut parallèlement à elle-même, de façon que ses angles A, B, etc., suivent des lignes perpendiculaires au plan de la base.

18.

Manière de distinguer les prismes droits.

Pour distinguer les différentes espèces de prismes droits, on ajoute le nom du polygone qui leur sert de base. Le prisme hexagonal, par exemple, est celui dont la base est un hexagone.

19.

Deux prismes de même base sont entre eux comme leurs hauteurs.

Pour trouver la manière de mesurer toutes sortes de prismes droits, on remarquera d'abord que de deux prismes droits dont les bases sont égales, celui qui a une plus grande hauteur est plus grand en solidité, dans la même raison que sa hauteur est plus grande.

20.

Deux prismes de même hauteur sont entre eux comme leurs bases.

On remarquera ensuite que deux prismes droits qui ont la même hauteur, mais dont l'un a une base qui contient un certain nombre de fois la base de l'autre, sont entre eux dans la même raison que leurs bases. La vérité de cette proposition s'aperçoit facilement en faisant attention à la formation des prismes, expliquée dans le nº 17.

Que *abcdefghiklm* et ABCDEFGHIKLM (*fig.* 112 et 113) soient les deux prismes qui ont la même hauteur, et que la base *abcdlm* du plus petit soit, par exemple, le quart de la base ABCDLM; puisque les deux prismes sont produits par les mouvements de ces deux bases, il s'ensuit qu'un plan quelconque, qui sera parallèle au plan où sont les deux bases, coupera dans les deux prismes deux polygones dont chacun sera égal à la base du prisme où il sera coupé, c'est-à-dire que la section du grand prisme sera toujours quadruple de celle du petit : donc le prisme ABCDEFGHIKLM pourra être regardé comme composé de tranches toutes quadruples de celles du prisme *abcdefghiklm*, et par conséquent la solidité du premier sera quadruple de celle du second.

Fig. 113.

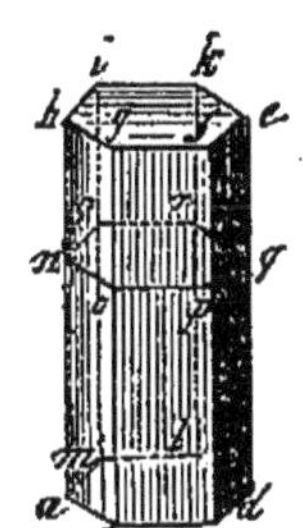

21.

La mesure du prisme droit est le produit de la base par sa hauteur.

Après ces deux remarques, il ne sera pas difficile de former la règle suivante pour mesurer tous les prismes droits :

On mesurera d'abord en mètres carrés, décimètres carrés et centimètres carrés, l'aire de la base du prisme proposé; ensuite on multipliera le nombre qu'on aura trouvé par le nombre de mètres, décimètres et centimètres que contiendra la hauteur du prisme, et le produit donnera le nombre de mètres cubes, décimètres cubes et centimètres cubes contenus dans le prisme proposé, et sera, par conséquent, sa mesure.

22.

Les prismes obliques diffèrent des prismes droits en ce que les faces, qui sont des rectangles dans ceux-ci, sont des parallélogrammes dans ceux-là.

Le nom de *prisme* (*fig.* 115) se donne encore aux solides qui ont deux bases polygonales égales, ainsi que les précédents, mais dont les autres faces sont des parallélogrammes au lieu d'être des rectangles. Pour distinguer ces nouveaux prismes de ceux dont nous venons de parler, on les appelle des *prismes obliques*, par opposition aux autres qu'on avait nommés des *prismes droits.*

23.

Formation des prismes obliques.

On conçoit les prismes obliques formés par une base *abcki* (*fig.* 115) qui se meut parallèlement à elle-même, et de telle façon que ses angles suivent des lignes parallèles *ag*, *bh*, *cd*, etc., qui s'élèvent hors du plan de la base et qui ne lui sont point perpendiculaires.

24.

Les prismes obliques sont équivalents aux prismes droits lorsqu'ils ont même base et même hauteur.

L'analogie qu'il y a entre cette formation et la formation des prismes droits dont nous avons parlé (17) donne facilement la mesure de la solidité des prismes obliques; car si l'on imagine à côté d'un prisme oblique *abcdefghik* (*fig.* 114 et 115) un prisme droit ABCDEFGHIK qui ait la même base, et que ces deux prismes soient renfermés entre deux plans parallèles, on verra que la solidité de ces deux corps sera absolument la même.

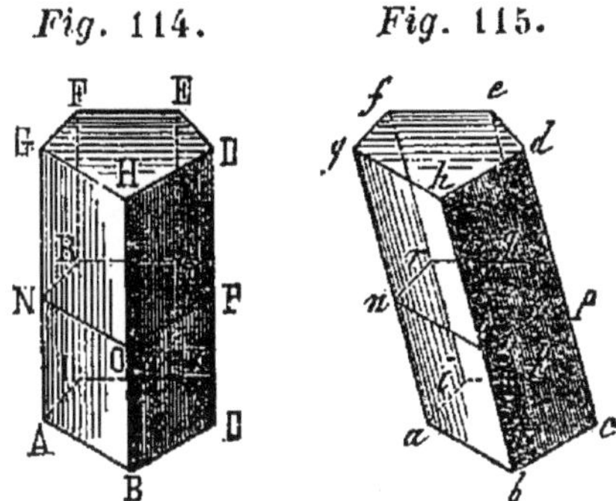

Fig. 114. *Fig.* 115.

Car, si par un point quelconque P de la hauteur on fait passer un plan parallèle à la base, les sections NOPQR et *nopqr* que ce plan formera dans chacun des deux prismes pourront être regardées comme les bases égales ABCKI et *abcki,* arrivées en NOPQR et *nopqr* par le mouvement qui forme ces deux prismes, et ainsi ces deux sections seront des polygones égaux.

Or, si toutes les tranches imaginables qu'on peut former dans ces deux prismes par des mêmes plans coupants sont égales, il faudra que les assemblages de ces tranches, c'est-à-dire les prismes, soient égaux aussi.

On énonce ordinairement ainsi cette proposition : Les prismes obliques sont équivalents aux prismes droits lorsqu'ils ont même base et même hauteur. On appelle la *hauteur* du prisme la perpendiculaire abaissée d'un point quelconque de la base supérieure sur le plan de la base inférieure ; cette perpendiculaire peut tomber hors de la base inférieure quand le prisme est oblique.

25.

Les parallélipipèdes obliques sont équivalents aux parallélipipèdes droits de même hauteur et de base équivalente.

Les parallélipipèdes étant au nombre des prismes, on

étendra ce que nous venons de dire des prismes aux parallélipipèdes obliques, c'est-à-dire aux figures... *abcdefgh* (*fig.* 116), produites en faisant mouvoir un

Fig. 116.

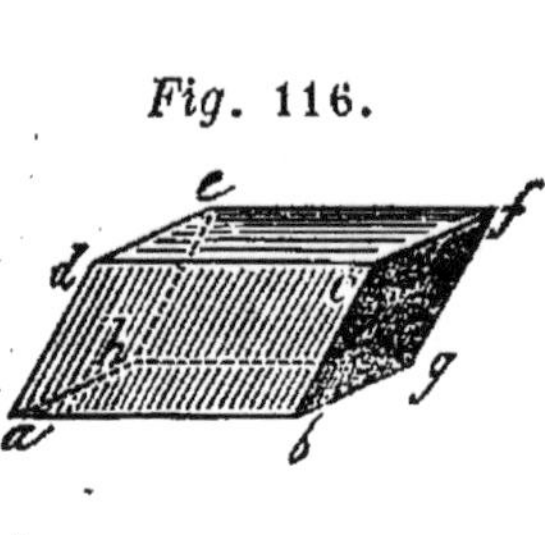

Fig. 117.

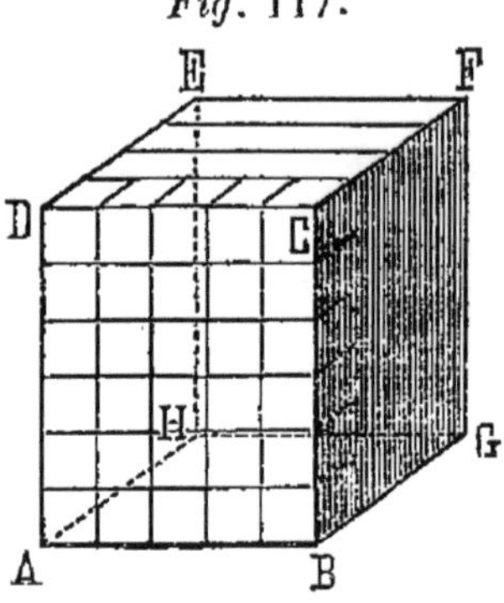

carré, un rectangle, ou mêmeun parallélogramme, de manière que ses quatre angles suivent des lignes parallèles qui s'élèvent obliquement de la base. Ainsi, le parallélipipède oblique *abcdefgh* sera équivalent au parallélipipède droit ABCDEFGH (*fig.* 117), si la base *abgh* est la même ou a la même superficie que la base ABGH, et si la perpendiculaire abaissée du plan *dcfe* sur le plan *abgh* est égale à la perpendiculaire abaissée du plan DCFE sur le plan ABGH.

26.

Les pyramides sont des solides terminés par un certain nombre de triangles qui partent tous d'un même sommet, et qui se terminent à une base polygonale quelconque.

Ayant vu ce qui concerne les parallélipipèdes et les prismes, examinons maintenant les pyramides, c'est-à-dire les corps tels que ABCDEFG (*fig.* 118), renfermés par un certain nombre de triangles qui partent tous d'un même sommet A, et qui se terminent à une base polygonale quelconque BCDEFG. Il est né-

Fig. 118.

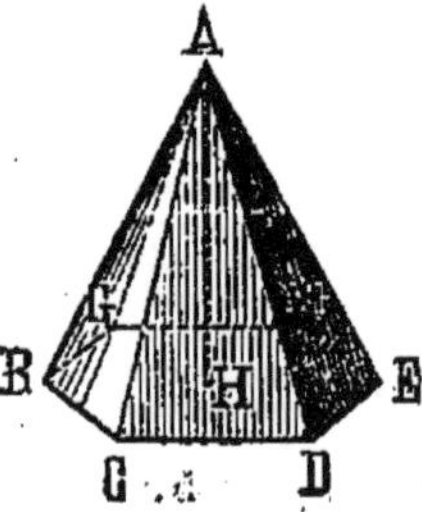

cessaire de considérer ces sortes de solides, non-seulement parce qu'on en rencontre dans les bâtiments et dans les autres ouvrages à construire, mais parce que tous les solides terminés par des plans sont des assemblages de pyramides, ainsi que les figures rectilignes sont des assemblages de triangles. Il ne faut, pour s'en assurer, que tirer d'un point pris où l'on voudra, dans l'intérieur du corps proposé, des lignes à tous les angles de ce corps.

27.

Les pyramides se distinguent entre elles par le nom de leur base.

On distingue les pyramides les unes des autres, ainsi que les prismes, par le nom de la figure qui leur sert de base.

28.

Ce qu'on entend par pyramide droite et pyramide oblique.

Lorsque la pyramide a pour base une figure régulière, et que son sommet répond perpendiculairement au centre H de sa base, ainsi que dans la *fig.* 118, la pyramide est alors appelée *pyramide droite;* elle est nommée, au contraire, *pyramide oblique* lorsque le sommet n'est pas perpendiculairement au-dessus du centre, ainsi que dans la *fig.* 120.

29.

Manière d'arriver à la mesure des pyramides.

Pour découvrir la manière de mesurer toutes sortes de pyramides, tant droites qu'obliques, nous commencerons par faire sur ces figures quelques réflexions générales, auxquelles on est conduit par la connaissance des propriétés des prismes.

Lorsqu'on voit que les prismes qui ont même base et même hauteur sont équivalents, il est naturel qu'on se rappelle que les parallélogrammes sont aussi équivalents entre eux lorsqu'ils ont ces mêmes conditions, et qu'il en est encore de même des triangles. Ces trois vérités se présentant à la fois à l'esprit, l'analogie doit porter à croire que les propriétés qui sont communes aux parallélogrammes et aux triangles peuvent l'être aussi aux prismes et aux pyramides; on doit donc soupçonner que les pyramides qui ont même base et même hauteur sont équivalentes.

30.

Les pyramides de même hauteur et de même base sont équivalentes.

Soient ABCDE et *abcde* (*fig.* 119 et 120) deux pyramides dont les hauteurs AH et *ah* soient les mêmes, et dont les bases soient deux figures égales, par exemple, deux carrés égaux BCDE et *bcde*; si l'on conçoit que ces deux pyramides soient coupées par une infinité de plans parallèles à leurs bases, on imaginera sans peine que ces coupes de pyramides donneront des carrés égaux IKLM et *iklm*, et par conséquent que les deux pyramides peuvent être regardées comme des assemblages d'un même nombre de tranches, qui, dans ces deux pyramides, seront égales chacune à sa correspondante. Donc, la somme des tranches est la même de part et d'autre, c'est-à-dire que les deux pyramides ont la même solidité.

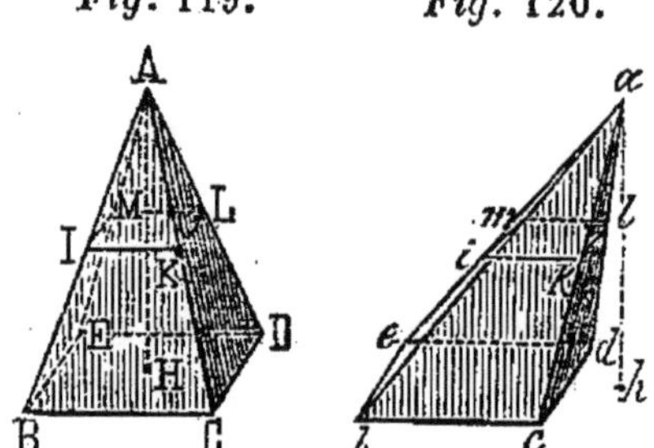

Fig. 119. *Fig.* 120.

Si les bases des deux pyramides étaient d'autres polygones réguliers ou irréguliers BCDEF et *bcdef* (*fig.* 121 et 122), égaux entre eux, il n'y a personne qui ne pen-

Fig. 121.

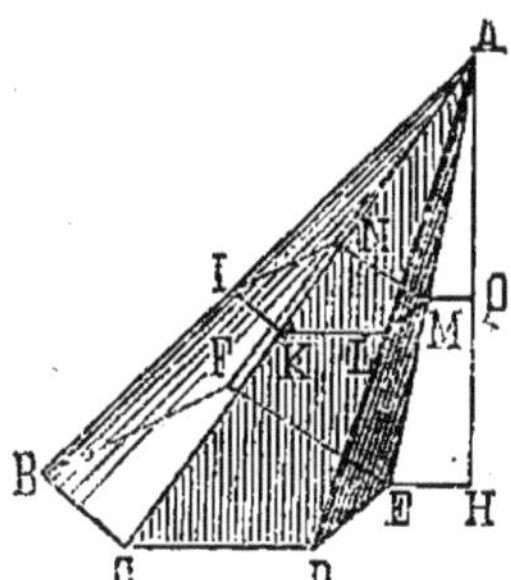

Fig. 122.

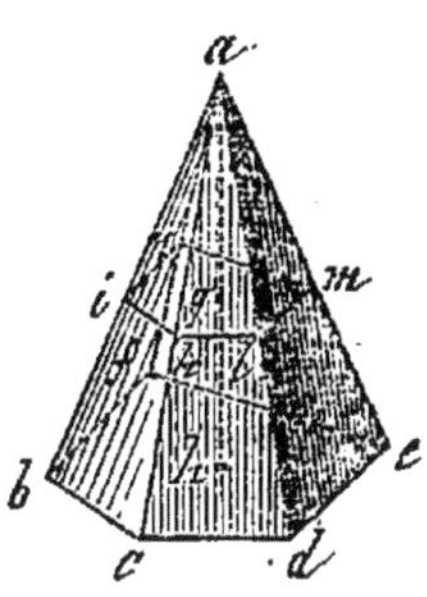

sât encore que toutes les tranches IKLMN et *iklmn* de l'une et de l'autre de ces deux pyramides devraient être égales entre elles, et qui n'en conclût, par conséquent, que les pyramides auraient toujours la même solidité lorsqu'elles auraient même base et même hauteur.

31.

Utilité d'étudier la similitude des figures solides.

Ce qui précède est facile à imaginer après la démonstration que nous avons donnée de l'égalité des prismes qui ont même hauteur; cependant la similitude entre la tranche quelconque IKLMN d'une pyramide et la base BCDEF et l'égalité des tranches IKLMN et *iklmn* sont de ces propositions qui, quoique sensibles pour tout le monde, ont à la rigueur besoin d'une démonstration : or, pour trouver cette démonstration, on est obligé d'entrer dans plusieurs considérations sur la similitude des figures solides.

32.

En quoi consiste la similitude de deux pyramides semblables.

Reprenons la pyramide ABCDEF (*fig.* 121), et supposons-la coupée par un plan IKLMN parallèle à la base;

nous allons démontrer que la section ou la coupe formée par ce plan dans la pyramide est un polygone semblable au polygone BCDEF, et que la pyramide AIKLMN est elle-même semblable à la pyramide ABCDEF, c'est-à-dire que les *angles que forment toutes les lignes de ces deux figures sont respectivement égaux*, *et que tous les côtés de la petite pyramide ont le même rapport entre eux que ceux de la grande.*

33.

Lorsque deux plans parallèles sont coupés par un troisième plan, les intersections sont parallèles.

Commençons par remarquer que si deux plans X et Y (*fig.* 123) sont parallèles, et que deux lignes quelconques ALD et AME, partant d'un même point A, traversent ces deux plans, les droites LM et DE qui joindront les points L et M, D et E seront parallèles. La raison en est que si ces deux lignes n'étaient pas parallèles, elles se rencontreraient quelque part, étant prolongées; mais si elles se rencontraient, les plans dans lesquels elles sont et dont elles ne peuvent pas sortir, en les prolongeant autant qu'il serait nécessaire, se rencontreraient aussi : donc ils ne seraient pas parallèles, ainsi qu'on le suppose.

Fig. 123.

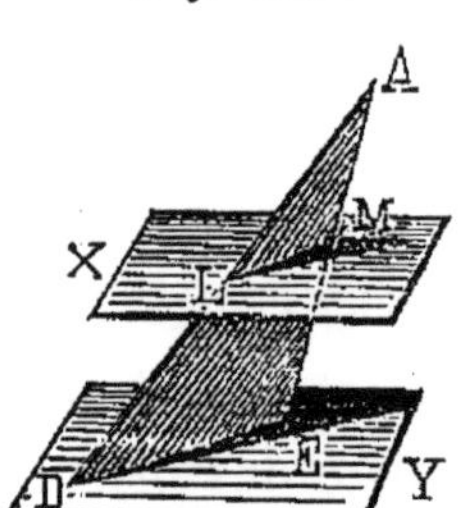

34.

Lorsqu'on coupe une pyramide par un plan parallèle à la base, la section est un polygone semblable à celui de la base.

Soit le plan IKLMN (*fig.* 121) parallèle au plan BCDEF, les lignes ML, LK, KI, IN et NM seront parallèles aux lignes ED, DC, CB, BF et FE, et par conséquent les triangles ALM, AKL, AIK, etc., seront semblables aux triangles ADE, ACD, ABC, etc. Si l'on prend l'un des côtés de ces triangles, AM par exemple, pour échelle ou pour commune mesure de tous les côtés de la petite pyramide, pendant que le côté correspondant AE servira d'échelle aux côtés de la grande, on verra sans peine que les côtés ML, LK, KI, etc., du polygone IKLMN seront proportionnels aux côtés ED, DC, CB, etc., du polygone BCDEF.

On verra aussi facilement que tous les angles IKL, KLM, etc., seront respectivement égaux aux angles BCD et CDE, puisque les premiers seront formés par des lignes parallèles aux côtés des seconds. Donc les deux polygones IKLMN et BCDEF seront semblables.

35.

La pyramide obtenue par un plan parallèle à la base est une pyramide semblable à la première.

Or les côtés AM, AL, AK, etc. (*fig.* 121), étant proportionnels aux côtés AE, AD, AC, etc., et les angles ALM, ALK, etc., respectivement égaux aux angles ADE, ADC, etc., à cause de la ressemblance des triangles ALM, ADE, ALK, ADC, etc., les deux pyramides AIKLMN et ABCDEF seront entièrement semblables.

36.

Un plan parallèle à la base d'une pyramide divise les arêtes et la hauteur en parties proportionnelles.

Si du point A (*fig.* 121) on mène AH perpendiculaire au plan sur lequel est construit le polygone BCDEF, et que Q soit le point où cette perpendiculaire rencontre le plan du polygone IKLMN, il est clair que les droites AQ et AH, hauteurs des deux pyramides AIKLMN et ABCDEF, seront entre elles dans la même raison que les côtés homologues AM, AE, AL, AD, etc., ou, ce qui revient au même, que si l'on prend les hauteurs AQ et

AH pour les échelles des deux pyramides, les côtés AM, AL, etc., contiendront autant des parties de AQ que les côtés AE, AD, etc., contiendront des parties de AH.

37.

Les pyramides de même base et de même hauteur sont équivalentes.

Qu'on revienne maintenant à considérer les deux pyramides ABCDEF et *abcdef* à la fois (*fig.* 121 et 122) : on verra que les deux tranches IKLMN, *iklmn*, étant semblables aux bases BCDEF et *bcdef* qui sont les mêmes, elles seront semblables entre elles. On verra de plus que ces deux tranches seront égales entre elles, puisque les échelles de ces deux figures sont les droites égales AQ et *aq*, hauteurs des pyramides AIKLMN et *aiklmn*.

Donc, sans connaître quelle est la solidité des pyramides, on sait déjà avec certitude que si elles ont même hauteur et même base, elles sont équivalentes, ainsi que nous l'avions soupçonné (29).

38.

Deux pyramides sont encore équivalentes si, ayant même hauteur, leurs bases ne sont pas égales, mais seulement équivalentes.

Si les bases des deux pyramides, au lieu d'être les mêmes, étaient seulement égales en superficie, les pyramides seraient encore égales en solidité. Car soient *abcdef* et *arst* (*fig.* 122 et 124) deux pyramides qui ont la même hauteur *ah* : si l'on coupe ces deux pyramides par un plan quelconque parallèle à la base, il est évident qu'il y aura même rapport de l'aire

Fig. 124.

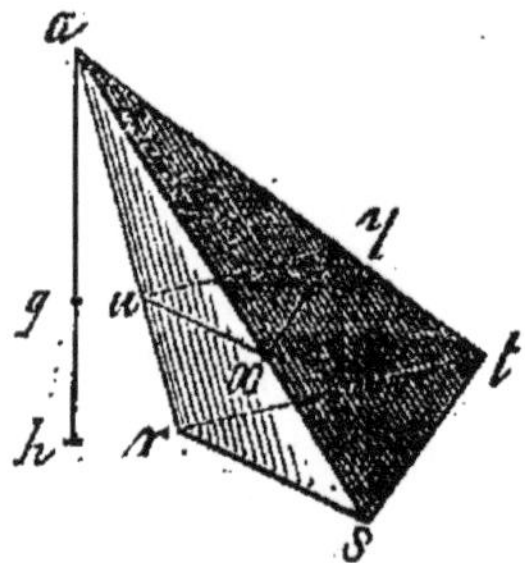

iklmn à l'aire *bcdef* que de l'aire *uxy* à l'aire *rst*, puisque *iklmn* et *bcdef* étant (34) des figures semblables, elles ne diffèrent (Ire part., 48) que par leurs échelles *aq*, *ah*, *etc.*, et que les figures *uxy* et *rst* étant aussi semblables, elles ne diffèrent non plus que par leurs échelles, qui sont encore les lignes *aq* et *ah*.

Mais si les bases *rst* et *bcdef* sont égales en superficie, leurs parties proportionnelles *uxy* et *iklmn* seront donc égales : donc toutes les tranches des deux pyramides *arst* et *abcdef* auront la même étendue; donc leurs assemblages, c'est-à-dire les pyramides mêmes, seront égaux en solidité ou équivalents.

39.

Les pyramides de même hauteur sont entre elles comme leurs bases.

Si la base *bcdef* (*fig.* 122) de la première pyramide contenait un certain nombre de fois la base *rst* (*fig.* 124), la solidité de la première pyramide *abcdef* contiendrait le même nombre de fois la solidité de la seconde *arst*.

Car, en ce cas, la base *bcdef* étant divisée en plusieurs parties dont chacune fût égale à la base *rst*, on pourrait concevoir la pyramide *abcdef* comme composée de plusieurs autres pyramides qui auraient pour bases les parties de *bcdef*. Or chacune de ces nouvelles pyramides serait égale à la seconde pyramide *arst*, selon ce que nous avons prouvé dans le numéro précédent : donc, etc.

Que si la base *rst* n'était pas contenue exactement dans la base *bcdef*, mais que ces deux bases eussent une mesure commune X, on diviserait chacune des deux bases *bcdef* et *rst* en des parties égales à X, et l'on verrait que les deux pyramides *abcdef* et *arst* seraient composées d'autant de pyramides nouvelles, toutes égales entre elles, que les deux bases contiendraient de parties X : donc les pyramides *abcdef* et *arst* seraient entre elles comme leurs bases.

Et si les bases étaient incommensurables, on ferait toujours voir, malgré cela, que les pyramides seraient entre elles en même raison que leurs bases, en se servant d'une induction semblable à celle que l'on a employée dans un cas pareil (IIe part., 28) lorsqu'il s'agissait de comparer les figures dont les côtés étaient incommensurables; c'est-à-dire que l'on diminuerait à l'infini la mesure X, de façon qu'elle pût être censée mesure commune tant de la base *rst* que de la base *bcdef*.

40.

Pour savoir mesurer toutes sortes de pyramides, il suffit de trouver un procédé pour en mesurer une seule.

Ayant découvert que les pyramides qui ont même hauteur sont entre elles comme leurs bases, on doit prévoir que la mesure de leur solidité ne renferme plus que très-peu de difficulté.

Car il ne s'agit plus que de savoir mesurer une seule pyramide, pour mesurer toutes les autres. Supposons, par exemple, que nous sachions mesurer la pyramide ABCDE (*fig.* 125 et 126), et que l'on nous demande la mesure de la pyramide ASTVXY, qui n'a ni la même base ni la même hauteur que la première; nous commencerons par faire une pyramide semblable à la pyramide ABCDE, et qui ait la hauteur de la pyramide ASTVXY, ce qui sera bien facile, car il suffira (35) de prolonger les côtés AB, AC, AD et AE, et de les couper par le plan LMNO,

Fig. 125.

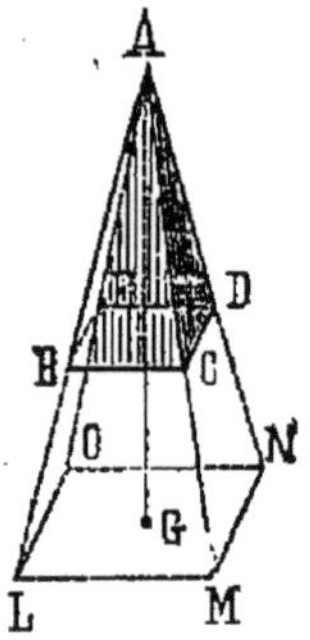

Fig. 126.

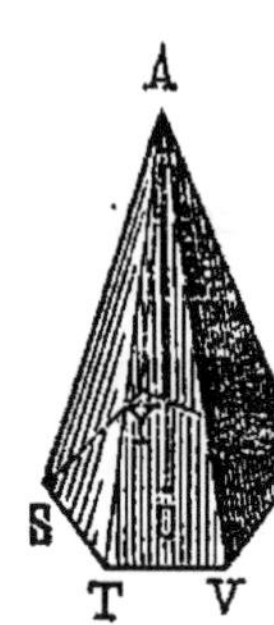

dont la distance AG au sommet A soit égale à la hauteur AO.

Cela fait, puisque, par la supposition, nous savons mesurer la pyramide ABCDE, il est évident que nous saurons mesurer aussi la pyramide ALMNO qui lui est semblable ; car, quelles que soient les opérations par lesquelles on mesure la pyramide ABCDE, on pourra toujours faire les mêmes opérations pour mesurer la pyramide semblable ALMNO, à cela près que l'on emploiera dans celle-ci une échelle différente.

Supposons donc que la pyramide ALMNO soit mesurée, sa mesure déterminera aussi celle de la pyramide proposée ASTVXY ; car, par le numéro précédent, ces deux pyramides sont entre elles comme leurs bases LMNO et STVXY, et nous avons d'ailleurs enseigné, dans la seconde partie, à trouver le rapport de ces deux bases.

41.

La pyramide que l'on obtient en joignant les quatre angles d'une des faces d'un cube au centre de ce cube a pour mesure le produit de sa base par le tiers de sa hauteur.

Puisqu'il ne s'agit donc que de mesurer une seule pyramide pour savoir mesurer toutes les autres pyramides imaginables, proposons-nous de mesurer une pyramide formée en tirant, des quatre angles A, B, C et H (*fig.* 127) d'une des faces d'un cube ABCDEFGH, quatre lignes au point O, centre de ce cube, c'est-à-dire le point également distant de A, D, B, E.

Fig. 127.

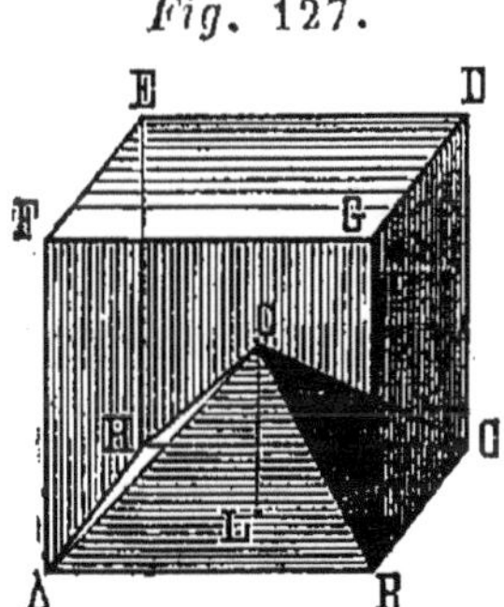

On voit sans peine que cette pyramide est la sixième partie du cube, puisqu'on peut décomposer le cube en six pyramides pareilles en prenant chaque face pour base. Or, la valeur du cube est le produit de la hauteur AF par la base ABCH : donc, pour avoir la valeur de la pyramide, il faudra partager le produit de AF par ABCH en six parties égales, ou, ce qui revient au même, il faudra multiplier la sixième partie de la hauteur AF par la base ABCH; et comme la sixième partie de la hauteur AF est le tiers de la hauteur OL de la pyramide OABCH, puisque sa hauteur OL est la moitié du côté du cube, il s'ensuit que la mesure de la pyramide OABCH est le produit de sa base par le tiers de sa hauteur.

42.

Une pyramide quelconque a pour mesure le produit de sa base par le tiers de sa hauteur.

Supposons présentement qu'on ait à mesurer une pyramide quelconque OKMNSTV (*fig.* 127 et 128). On imaginera un cube dont le côté AB ou AF soit double de la hauteur OL de la pyramide proposée, et l'on concevra dans ce cube une pyramide OABCH, dont la pointe soit au centre et qui ait pour base une des faces ABCH du cube. Cette nouvelle pyramide aura même hauteur que la première, et par conséquent (39) la solidité de OABCH sera à celle de KMNOSTV comme la base ABCH à la base KMNSTV : or, par le numéro précédent, le produit du tiers de la hauteur commune OL par la base ABCH est la valeur de la pyramide OABCH; donc le produit du tiers de la même hauteur commune OL par la base KMNSTV sera la valeur de la pyramide proposée OKMNSTV.

Fig. 128.

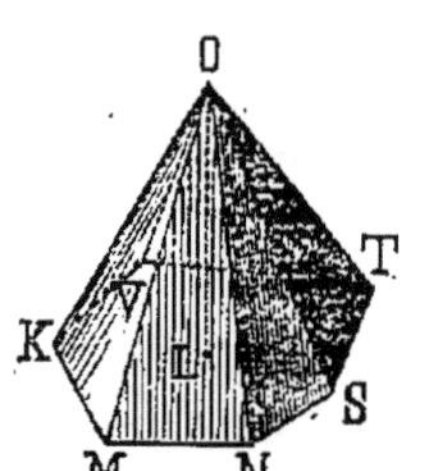

Et par là on découvre ce théorème général, qu'une pyramide a pour mesure le produit de sa base par le tiers de sa hauteur.

43.

La pyramide est le tiers du prisme qui a même base et même hauteur.

Comme nous avons vu (21) que la solidité d'un prisme est le produit de sa base par sa hauteur, il est clair, par le numéro précédent, que les pyramides seront toujours le tiers des prismes qui auront même base et même hauteur.

44.

Mesure des solides terminés par des surfaces courbes.

Après avoir mesuré tous les solides terminés par des plans, nous allons chercher le chemin qu'on peut avoir suivi pour mesurer les solides dont les surfaces sont courbes. Et comme nous n'avons traité dans la troisième partie que des figures dont les contours ne renferment d'autres courbes que le cercle, nous n'examinerons que les corps dont les courbures sont circulaires.

Dans l'examen de ces corps, nous aurons deux objets, la mesure de leurs surfaces et celle de leurs solidités; car ces surfaces étant, ou entièrement courbes, ou en partie planes et en partie courbes, nous ne pourrons renvoyer leur mesure à la première partie, ainsi que nous l'avons fait des corps terminés par des plans.

45.

Le cylindre est un solide terminé par deux faces opposées et parallèles qui sont des cercles égaux, et par un plan ployé autour de leurs circonférences. On distingue le cylindre droit et le cylindre oblique.

Le plus simple de tous les solides courbes est le cylindre : c'est un corps ABCDEF (*fig.* 129 et 130), dont les deux bases ABC et DEF sont deux cercles égaux

Fig. 129. *Fig.* 130.

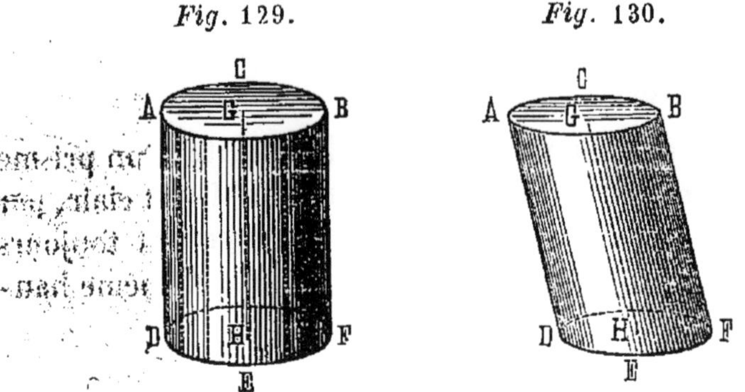

et parallèles, joints par une surface courbe qu'on peut imaginer formée par un plan ployé autour de leurs circonférences.

Lorsque les deux cercles sont placés de façon que le centre G du premier réponde perpendiculairement au-dessus du centre H du second, le cylindre se nomme *droit*.

Le cylindre se nomme au contraire *oblique*, lorsque la ligne tirée par les deux centres G et H (*fig.* 130) est oblique à l'égard des plans ABC et DEF.

46.

Formation du cylindre.

La formation géométrique de ces solides, analogue à celle des prismes et des parallélipipèdes dont il a été parlé (17), consiste à faire mouvoir un cercle parallèlement à lui-même, en sorte que tous ses points décrivent des lignes droites parallèles qui s'élèvent hors du plan de ce cercle.

47.

La surface courbe d'un cylindre droit est égale à un rectangle qui a la même hauteur et dont la base est égale à la circonférence.

On parviendra, de la manière suivante, à mesurer la surface d'un cylindre droit ; ce qui est souvent nécessaire dans la pratique.

Les deux circonférences ABC et DEF (*fig.* 129) étant partagées chacune en un même nombre de parties égales, les points de division répondant les uns au-dessus des autres, qu'on tire des lignes droites qui joignent les angles correspondants des deux polygones réguliers que donne cette opération, il est clair qu'on aura alors un prisme dont la superficie sera composée d'autant de rectangles renfermés dans la surface du cylindre qu'il y a de côtés renfermés dans chacune des circonférences ABC et DEF. Or, tous ces rectangles ayant chacun leur hauteur égale à AD, leur mesure totale sera le produit de la hauteur AD par la somme de toutes les bases, c'est-à-dire par le contour du polygone ou périmètre renfermé ou inscrit dans le cercle DEF ou ABC.

Mais comme, à mesure que le nombre des côtés de ce polygone sera plus grand, le contour du polygone approchera de plus en plus d'être égal à la circonférence, et la surface du prisme d'être égale à celle du cylindre, il s'ensuit que si l'on imagine que le nombre des côtés de ce polygone devienne infini, le prisme ne différera pas du cylindre. La surface courbe du cylindre droit est donc égale à un rectangle dont la hauteur serait AD et la base une ligne droite égale à la circonférence DEF.

Cette proposition peut servir à trouver, par exemple, ce qu'il faudrait d'étoffe pour envelopper un pilier cylindrique ou pour tapisser l'intérieur d'une tour ronde.

48.

Mesure de la surface courbe d'un cylindre oblique.

Quant à la surface du cylindre oblique, on ne peut pas la mesurer de la même manière, parce qu'au lieu de rectangles on aurait des parallélogrammes de hauteurs différentes. Ce n'est que par des méthodes très-compliquées et très-difficiles qu'on est parvenu à connaître seulement la valeur approchée de cette surface, et les problèmes de ce genre ne sont pas du ressort des Éléments.

49.

Les cylindres de même base et de même hauteur sont équivalents.

A l'égard de la solidité des cylindres, soit droits, soit obliques, rien ne sera plus facile que de la trouver; car il est évident que tout ce que nous avons dit des prismes conviendra aux cylindres, si l'on regarde les cylindres comme les derniers des prismes qu'on peut leur inscrire.

Ainsi, les cylindres qui auront même base et même hauteur sont égaux en solidité ou, en d'autres termes, sont équivalents.

50.

La mesure d'un cylindre quelconque est le produit de sa base par sa hauteur.

Puisque les cylindres sont considérés comme des prismes (49), il en résulte que la mesure d'un cylindre quelconque consistera dans le produit de sa base par sa hauteur.

51.

Le cône est une espèce de pyramide dont la base est un cercle.

Le cône est le solide courbe le plus simple après le cylindre : c'est une figure comme... ABCDE (*fig.* 131 et 132), dont la base est un cercle et dont la surface est

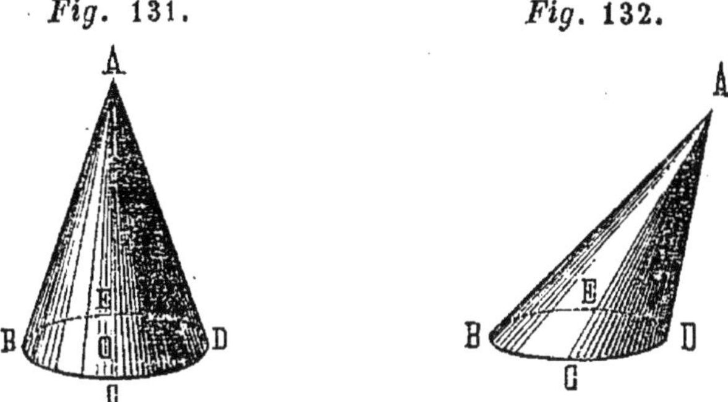

Fig. 131. *Fig.* 132.

composée d'une infinité de lignes droites qui aboutissent toutes du sommet A à la circonférence BCDE de ce cercle. On peut regarder ce solide comme une pyramide dont la base serait un cercle.

52.

Ce qu'on entend par cônes droits et cônes obliques.

Si, comme dans la *fig.* 131, la pointe ou sommet A du cône répond perpendiculairement au-dessus du centre O de la base, le cône est nommé *cône droit*; et il est nommé *oblique*, si le sommet répond à un point différent du centre de la base, ainsi que dans la *fig.* 132.

53.

La surface courbe d'un cône droit a pour mesure le produit de la moitié de son côté par la circonférence de sa base.

Pour mesurer la surface d'un cône droit ABCDE

(*fig.* 131), on le regardera comme la dernière des pyramides qu'on peut lui inscrire, c'est-à-dire qu'on divisera la circonférence de sa base BCDE, ainsi qu'on a fait de la circonférence du cylindre, en une infinité de petits côtés, et, tirant des lignes de tous les angles au sommet du cône A, on trouvera que la superficie conique est un assemblage d'une infinité de petits triangles isocèles, dont la hauteur est égale au côté AB du cône, et dont toutes les bases ajoutées ensemble sont égales à la circonférence BCDE : d'où il est facile de voir que la mesure de cette surface se trouvera en multipliant la moitié de AB par la circonférence BCDE.

54.

Le développement d'un cône est un secteur de cercle.

Si l'on se rappelle maintenant que la surface d'un secteur de cercle est (IIIe part., 10) égale au produit de l'arc de ce secteur par la moitié du rayon, on verra que pour envelopper le cône droit ABCDE (*fig.* 131 et 135) d'une surface pliante, comme du carton, etc., il faudrait prendre un secteur de cercle ALR dont le rayon fût égal à AB et dont l'arc fût égal à la circonférence BCDE.

55.

Mesure de la surface courbe d'un cône oblique.

Lorsque le cône est oblique, la mesure de sa surface, ainsi que celle du cylindre oblique, est fort difficile à connaître, même d'une manière approchée, et c'est encore un problème au-dessus des Éléments.

56.

Les cônes de même base et de même hauteur sont équivalents.

Quant à la solidité des cônes, soit droits, soit obliques,

on les regardera comme les dernières des pyramides qu'on pourrait leur inscrire, et on pourra leur appliquer en conséquence ce qu'on a dit des pyramides en général.

Ainsi les cônes qui auront même base et même hauteur seront équivalents.

57.

La mesure du volume d'un cône quelconque est le produit de la base par le tiers de la hauteur.

Puisque les cônes sont considérés comme des pyramides, on aura pour solidité d'un cône quelconque le produit de la base par le tiers de sa hauteur.

58.

Mesure d'un cône tronqué.

On a quelquefois besoin de mesurer un corps comme BCDEFGH (*fig.* 133 et 134), qu'on appelle *cône tronqué* : c'est la partie qui reste d'un cône AFGH lorsqu'on en a retranché un autre cône plus petit ABCDE par une section parallèle à la base FGH. Il est évident que la mesure de ce solide sera la différence entre les solidités des cônes ABCDE et AFGH.

Fig. 133.

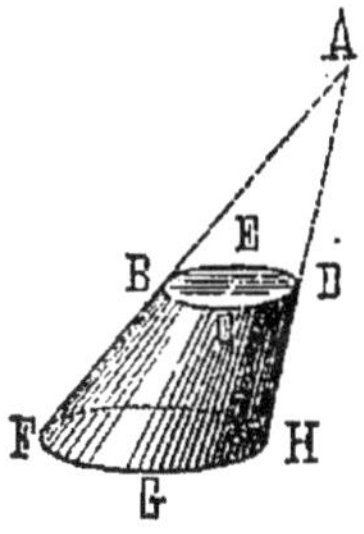

Fig. 134.

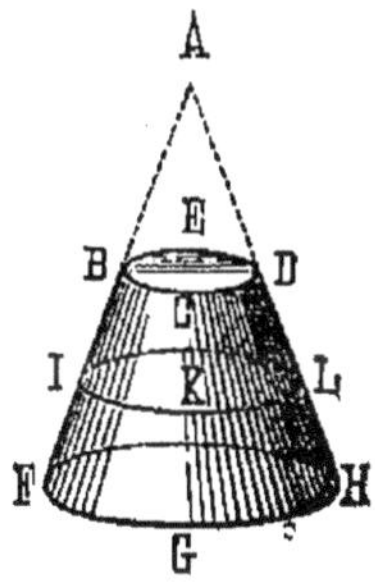

59.

Manière de mesurer la surface d'un cône tronqué.

Quant à la surface d'un cône tronqué, s'il a été formé par la section d'un cône droit, on peut trouver quelque chose de plus simple que de mesurer séparément les surfaces de deux cônes et de retrancher l'une de l'autre; on emploiera pour cela la méthode suivante :

Supposons que ALR (*fig.* 134 et 135) soit le secteur qu'il faudrait construire pour pouvoir envelopper le cône AFGH. En décrivant du centre A et de l'intervalle AM égal à AB un arc MP, il est clair que l'espace MPRL serait une portion de couronne propre à envelopper la surface cherchée du cône tronqué. Or, si l'on imagine que les deux circonférences, dont MP et LR sont des arcs semblables, soient achevées, on aura une couronne entière, dont la mesure (IIIe part., 8) sera le produit de ML égale à BF par la circonférence dont AN est le rayon, N étant le milieu de ML; donc la portion de couronne MPRL, ou la surface du cône tronqué BCDEFGH qui lui est égale, se mesurera en multipliant ML par l'arc NQ, ou, ce qui revient au même, en multipliant BF par la circonférence IKL de la section du solide proposé, coupé par un plan parallèle à la base, et qui passe par le milieu I du côté BF.

Fig. 135.

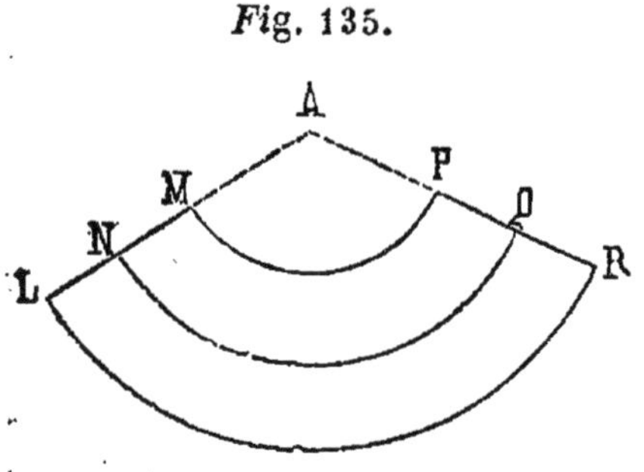

60.

La sphère est le corps dont la surface a tous ses points également éloignés du centre.

Le dernier des corps solides dont nous traiterons se nomme *sphère* ou *globe*; c'est celui dont la surface a tous ses points également éloignés d'un même point qui en est le centre. On a souvent besoin de mesurer cette surface. On voudra savoir, par exemple, ce qu'il faudrait de dorure pour une boule, combien on devrait prendre de lames de plomb pour couvrir un dôme, etc.

61.

La surface d'une sphère est formée par la révolution d'un demi-cercle autour de son diamètre. On peut comparer la surface d'une sphère à celle qui est produite par un polygone régulier d'un nombre infini de côtés tournant autour de son diamètre.

Soit X (*fig.* 136) la sphère dont on veut mesurer la superficie; il est évident que l'on peut concevoir ce solide comme produit par la révolution d'un demi-cercle AMB autour de son diamètre AB.

Fig. 136.

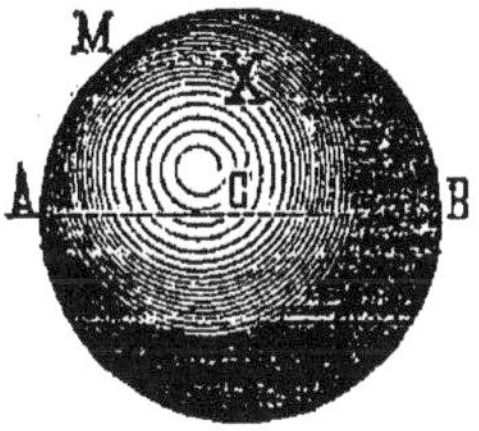

Supposons d'abord qu'au lieu de la demi-circonférence nous ayons un polygone régulier d'un nombre infini de petits côtés, ou, si l'on veut, d'un très-grand nombre de côtés, et proposons-nous seulement de mesurer la surface Z (*fig.* 137), produite par la révolution de ce polygone. Il sera facile de passer ensuite de la mesure de cette surface à la mesure de la surface de la sphère, ainsi que nous avons passé de la mesure des figures rectilignes à celle du cercle.

Fig. 137.

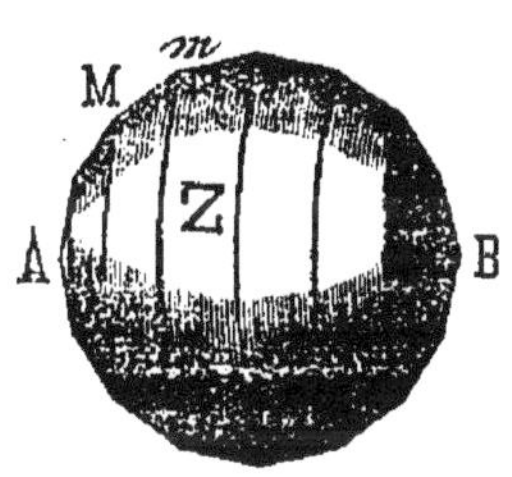

62.

Moyens de mesurer les surfaces engendrées par un polygone régulier d'un nombre infini de côtés.

Pour mesurer la surface du solide Z, examinons la petite partie de cette surface que produit un seul côté quelconque M*m* du polygone inscrit, pendant qu'il tourne autour du diamètre AB (*fig.* 138). Il est évident

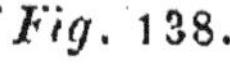
Fig. 138.

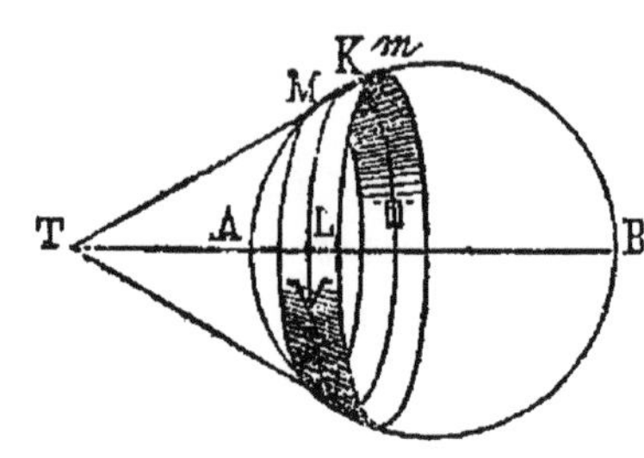

que ce côté M*m* décrit dans ce mouvement une surface de cône tronqué V : car, en prolongeant la droite *m*M jusqu'à ce qu'elle rencontre en T le diamètre ou axe de révolution AB, si cette ligne TM*m* tourne en même temps que le demi-cercle AMB, elle décrira visiblement un cône droit, dont le sommet sera T, et la base, le cercle décrit par le point *m*; en sorte que la surface V produite par le mouvement de M*m* sera une tranche de ce cône enfermée entre les plans des cercles que les points M et *m* décrivent en tournant. Mais, selon que nous l'avons vu (59) la surface V est égale à un rectangle dont M*m* est la hauteur, et la base, une ligne égale à la circonférence KLO décrite par le point K, milieu de M*m* : donc la surface produite par la révolution du polygone est égale à la somme d'autant de rectangles de cette nature qu'il y a de côtés dans ce polygone, tels que M*m*.

Or, comme tous les côtés M*m*, hauteurs de ces rectangles, sont supposés égaux, on pourrait regarder la surface cherchée comme un rectangle total qui aurait la hauteur M*m* avec une base égale à la somme de toutes les circonférences telles que KLO, c'est-à-dire décrites par le point de milieu de chaque petit côté.

Mais le polygone inscrit dans le demi-cercle AMB ayant un très-grand nombre de côtés, la petitesse de la hauteur M*m* et la grandeur excessive de la base rendent ce rectangle inconstructible.

Pour remédier à cet inconvénient, il est bien facile d'imaginer de changer tous ces petits rectangles en d'autres qui auraient toujours une même hauteur, non pas imperceptible comme Mm, mais assez grande pour que chacune des bases devînt fort petite; moyennant cela, l'addition de toutes ces petites bases ne fera plus qu'une longueur comparable à la hauteur.

63.

Méthode pour changer la mesure décrite dans le numéro précédent en une mesure plus facile.

Voyons donc si nous ne pourrons point changer de cette sorte nos petits rectangles. Supposons d'abord, pour simplifier le problème, que nos rectangles, au lieu d'avoir pour bases des lignes égales aux circonférences KL (*fig.* 138), n'aient pour bases que les rayons KI (*fig.* 139) de ces circonférences. Il ne nous sera pas difficile ensuite d'appliquer ce que nous aurons trouvé pour ces derniers rectangles à ceux qui nous occupent.

Fig. 139.

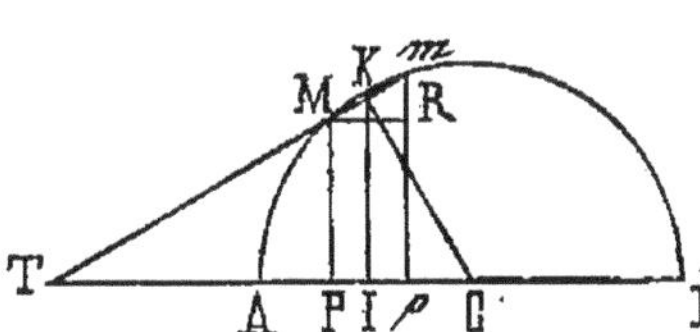

Il s'agit donc de trouver un rectangle qui ait pour mesure le produit de Mm par KI, et qui ait pour hauteur quelque ligne incomparablement plus grande que Mm, et qui soit la même en quelque endroit que soit placé ce petit côté Mm. Choisissons, par exemple, la droite CK, qui est l'apothème du polygone dont Mm est le côté, et qui par conséquent est toujours la même à quelque côté du polygone qu'elle appartienne. Nous devons donc chercher une ligne dont le produit par CK soit égal au produit de KI par Mm, c'est-à-dire (IIe part., 7) qu'il faut trouver une quatrième proportionnelle aux trois lignes CK, KI et Mm. Or nous savons que c'est par le moyen des triangles semblables que l'on découvre des lignes proportionnelles à d'autres lignes; il faut donc former des triangles semblables, dont les côtés homologues soient les lignes en question : c'est ce que l'on fera en abaissant MR perpendiculaire à *mp*. On aura alors les triangles M*m*R et KIC qui seront semblables; car ils seront chacun rectangles, l'un en R, l'autre en I, et de plus ils auront les angles *m*MR et IKC égaux entre eux, parce que le premier fait un angle droit avec l'angle M*m*R, égal à l'angle MKI, et que l'autre IKC fait aussi un angle droit avec MKI.

De là on peut conclure facilement que CK est à KI comme M*m* à MR; c'est-à-dire que MR est la quatrième proportionnelle cherchée, ou, ce qui revient au même, que le rectangle de CK par MR ou par P*p* est égal au rectangle de M*m* par KI.

Mais comme le rectangle que nous nous étions d'abord proposé de changer n'était pas celui de M*m* par KI, que c'était celui de M*m* par la circonférence dont KI est le rayon, nous nous rappellerons ici que les circonférences sont entre elles comme les rayons, ce qui fait que l'égalité qui est entre le rectangle de M*m* par KI et celui de P*p* par CK entraîne nécessairement l'égalité du rectangle de M*m* par la circonférence de KI au rectangle de P*p* par la circonférence de CK. Car on voit facilement que si deux rectangles sont égaux, et que, conservant leurs hauteurs, on augmente proportionnellement leurs bases, ces rectangles demeureront encore égaux.

64.

La surface produite par la révolution d'un polygone régulier a pour mesure celle d'un rectangle dont la base serait égale à la circonférence du cercle inscrit et dont la hauteur serait égale au diamètre du polygone.

Ayant découvert, dans les deux numéros précédents, que toutes les petites surfaces coniques tronquées, telles que V (*fig.* 138), sont égales à autant de rectangles qui auraient tous pour hauteur une même droite égale à la circonférence dont CK serait le rayon, et dont chacun aurait pour base une petite droite P*p* correspondante à chaque côté M*m*, on en déduira qu'une somme quelconque de ces petites surfaces, prise par exemple depuis A jusqu'en *p*, sera égale à un rectangle qui aurait pour hauteur une droite égale à la circonférence de CK, et pour base la somme de toutes les lignes telles que P*p*, prise depuis A jusqu'en *p*, c'est-à-dire la droite A*p*.

Donc, pour avoir la surface totale produite par la révolution du polygone entier, il faudra faire un rectangle dont la base soit égale à la circonférence décrite du rayon CK, et qui ait une hauteur égale au diamètre AB.

65.

La surface de la sphère a pour mesure le produit de son diamètre par la circonférence de son grand cercle.

Il est bien facile maintenant de mesurer la surface de la sphère : car il est clair que plus il y a de côtés dans le polygone, plus le solide produit par sa révolution approchera d'être égal à la sphère, et plus aussi l'apothème CK approchera d'être égal au rayon ; en sorte que si l'on peut imaginer que le polygone soit devenu un cercle, l'apothème CK sera le rayon même, et la surface de la sphère aura la même étendue qu'un rectangle dont la hauteur et la base seraient, l'une le diamètre, et l'autre une ligne égale à la circonférence du cercle qui l'a produite, et que l'on appelle ordinairement le *grand cercle de la sphère.*

66.

Segment de sphère ; mesure de sa surface.

Quant à la surface courbe d'un segment de sphère

AMLNO (*fig.* 140), c'est-à-dire de la partie que l'on retranche d'une sphère lorsqu'on la coupe par un plan MLNO perpendiculaire au diamètre, elle a pour mesure le produit de son épaisseur ou flèche AP par la circonférence du grand cercle AMBN. La raison en est la même que celle par laquelle on a prouvé (64) que la somme des surfaces de tous les petits cônes tronqués compris depuis A (*fig.* 139) jusqu'en *m* est égale au rectangle dont la hauteur est A*p*, et la base, une ligne égale à la circonférence dont CK est le rayon.

Fig. 140.

67.

La surface de la sphère est égale à la surface courbe du cylindre circonscrit.

La mesure précédente de la surface de la sphère apprend que si l'on fait tourner le rectangle ABDE (*fig.* 141) en même temps que le demi-cercle AMNB autour de AB, la surface courbe du cylindre droit EFGIKDH produit par la révolution de ce rectangle sera égale à celle de la sphère décrite par le demi-cercle ; ce qu'on exprime ordinairement ainsi : la surface de la sphère est égale à la surface courbe du cylindre circonscrit.

Fig. 141.

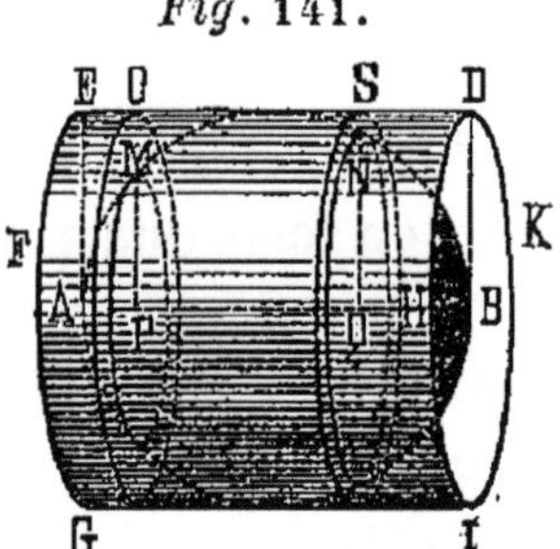

68.

Les tranches du cylindre et de la sphère ont la même superficie.

Et si l'on coupe tant le cylindre que la sphère par

deux plans quelconques perpendiculaires au diamètre AB en P et en Q (*fig.* 141), les tranches du cylindre et de la sphère qui seront produites par le mouvement de la droite OS et de l'arc MN seront égales en superficie.

69.

La surface de la sphère est égale à quatre fois celle de son grand cercle.

On voit encore, par ce qui précède, que la surface de la sphère est égale à quatre fois l'aire de son grand cercle; car la surface de ce grand cercle a pour mesure le produit de la moitié du rayon ou du quart du diamètre par la circonférence, et la superficie de la sphère est égale au produit du diamètre entier par la même circonférence.

70.

La solidité de la sphère est le produit du tiers du rayon par quatre fois l'aire du grand cercle.

La mesure de la surface de la sphère étant trouvée, il est bien facile de mesurer sa solidité; car on peut considérer la sphère comme l'assemblage d'une infinité de petites pyramides dont les sommets sont à son centre et dont toutes les bases couvrent la surface entière. Or, chacune de ces pyramides ayant pour mesure le produit du tiers de sa hauteur, c'est-à-dire du rayon, par sa base, leur somme totale ou la solidité de la sphère se mesurera en multipliant le tiers du rayon par sa surface, c'est-à-dire par quatre fois l'aire du grand cercle.

71.

La solidité de la sphère est les deux tiers de celle du cylindre circonscrit.

Comme le produit du tiers du rayon par quatre fois le

grand cercle est la même chose que le produit de quatre fois le tiers du rayon, c'est-à-dire des deux tiers du diamètre, par le grand cercle, et que la solidité du cylindre EFGIKDH a pour mesure le produit du diamètre par le même grand cercle qui lui sert de base, il s'ensuit que la solidité de la sphère est les deux tiers de celle du cylindre circonscrit.

72.

Mesure de la solidité d'un segment de sphère.

Pour mesurer la solidité d'un segment de sphère AMLNO (*fig.* 140), il faudrait d'abord mesurer la portion de sphère produite par la révolution du secteur CAM : ce qui se ferait en multipliant le tiers du rayon par la surface du segment de sphère proposé AMLNO ; ensuite on retrancherait de cette mesure celle du cône produit par la révolution du triangle CPM, c'est-à-dire le cône dont la base est le cercle MLNO et CP la hauteur, et le reste serait la valeur demandée du segment.

73.

En quoi consiste la similitude de deux corps terminés par des plans.

Nous terminerons par quelques propositions sur la solidité et sur la superficie des corps semblables. Ces propositions se présentent fort naturellement lorsqu'on réfléchit sur ce qui constitue la similitude de deux corps. On peut dire même qu'on ne peut manquer de les découvrir par analogie, si l'on se rappelle ce que nous avons dit (Ire part., 34 et suiv.) de la similitude des figures planes, c'est-à-dire de celles qui sont décrites sur des plans.

Nous avons déterminé (32) en quoi consiste la similitude de deux pyramides; la définition que nous avons donnée alors des pyramides semblables peut s'étendre à tous les corps terminés par des plans ou polyèdres, c'est-à-dire que deux corps de cette nature seront appelés *semblables*, si tous les angles formés par les côtés du premier sont les mêmes que les angles formés par les côtés du second, et si les côtés d'un de ces corps sont proportionnels aux côtés homologues de l'autre.

74.

Conditions qui déterminent la similitude de deux cylindres droits.

Quant aux corps qui ne sont pas terminés de tous les côtés par des plans, par exemple les cylindres et les cônes, il est aussi facile de déterminer les conditions nécessaires pour les rendre semblables.

Deux cylindres droits seront semblables, si leurs hauteurs sont entre elles comme les rayons de leurs bases.

75.

Conditions de similitude de deux cylindres obliques.

Si les cylindres sont obliques, il faudra de plus que les lignes qui joignent les centres des deux cercles, dans chacun de ces cylindres, fassent les mêmes angles sur les plans de leurs bases.

76.

Conditions de similitude de deux cônes.

Les mêmes définitions peuvent s'appliquer aux cônes, en mettant, au lieu de la ligne qui passe par les centres des deux bases du cylindre, celle qui va du sommet du cône au centre du cercle qui lui sert de base.

77.

Conditions de similitude de deux cônes tronqués.

Pour que deux cônes tronqués soient semblables, il faut, en premier lieu, que les cônes dont ils font partie soient semblables; et en second lieu, que leurs hauteurs soient entre elles comme les rayons de leurs bases.

78.

Les sphères, les cubes et toutes les figures qui ne dépendent que d'une seule ligne sont toutes semblables.

Les sphères sont toutes semblables entre elles, ainsi que toutes les figures, soit solides, soit planes, qui n'ont besoin que d'une seule ligne pour être déterminées, comme le cercle, le carré, le triangle équilatéral, le cube, le cylindre circonscrit à la sphère, etc.

79.

En général, les solides semblables ne diffèrent que par les échelles sur lesquelles ils sont construits.

En général, on pourra dire des figures solides semblables, comme on l'a dit des figures planes, qu'elles ne diffèrent que par les échelles sur lesquelles elles ont été construites.

Cet exposé seul, bien considéré, conduit à deux propositions fondamentales sur la superficie et sur la solidité des corps semblables.

80.

Les surfaces des corps semblables sont entre elles comme les carrés de leurs côtés homologues.

La première proposition apprend que les surfaces de

deux solides semblables sont entre elles comme les carrés de leurs côtés homologues ; qu'il y a, par exemple, même rapport entre les surfaces des deux pyramides semblables *z* et Z (*fig.* 142 et 143) qu'entre les carrés *abcd* et ABCD, faits sur les côtés *ab* et AB, qui se répondent dans ces deux pyramides.

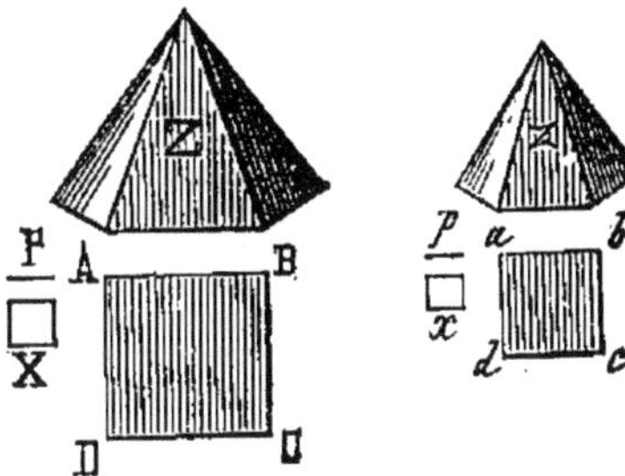

Fig. 142. *Fig.* 143.

Pour découvrir cette proposition, on n'a besoin que des raisonnements qu'on a employés (Ire part., 43 et 44), c'est-à-dire qu'il faut seulement considérer que si P est l'échelle de la pyramide Z et *p* l'échelle de la pyramide semblable *z*, les lignes qu'il faudra employer pour mesurer la surface de Z et celle du carré ABCD auront le même nombre de P qu'il y aura de parties *p* dans celles qu'il faut employer pour mesurer la surface de *z* et celle du carré *abcd*.

Car de là il suit que le produit des lignes qui entrent dans la mesure de Z et de ABCD donnera le même nombre de carrés X faits sur P que le produit des lignes employées à mesurer *z* et *abcd* donnera de carrés *x* faits sur *p* ; c'est-à-dire que les nombres qui exprimeront le rapport de la surface de la pyramide Z au carré ABCD seront les mêmes que ceux qui exprimeront le rapport de la surface *z* au carré *abcd*.

On ferait le même raisonnement dans la comparaison de tous les autres corps semblables, soit que ces corps fussent terminés par des plans, soit qu'ils fussent terminés par des surfaces courbes ; car les lignes employées à mesurer les superficies de tous ces corps auront toujours le même nombre des parties de leurs échelles, et par conséquent les produits de ces lignes contiendront un même nombre de fois les carrés de ces mêmes parties.

Et si les lignes nécessaires pour mesurer la superficie

des corps semblables étaient incommensurables, il est clair que la démonstration subsisterait toujours, pourvu qu'on employât ici les principes dont on s'est servi (IIe part., 28) pour comparer les figures semblables dont les côtés étaient incommensurables.

81.

Les surfaces des sphères sont entre elles comme les carrés de leurs rayons.

On prouverait, de la même façon, que les surfaces des sphères sont entre elles comme les carrés de leurs rayons. Mais, pour le voir encore plus clairement d'une autre manière, il suffira de se rappeler que les surfaces des cercles sont entre elles comme les carrés de leurs rayons (IIIe part., 6), et que les surfaces des sphères sont quadruples de leurs grands cercles (69).

82.

Les surfaces des cylindres obliques semblables sont entre elles comme les carrés des diamètres de leurs bases.

La proportionnalité entre les surfaces des corps semblables et les carrés de leurs côtés homologues est si générale, qu'elle s'applique autant aux corps qu'on ne sait pas mesurer qu'à ceux dont on connaît la mesure.

Sans savoir mesurer, par exemple, la surface d'un cylindre oblique, on peut affirmer que les surfaces de deux cylindres obliques semblables sont entre elles comme les carrés des diamètres des bases de ces cylindres : car, en inscrivant dans ces deux cylindres deux prismes semblables, de tant de faces qu'on voudra, on verra, par ce qui précède, que les surfaces de ces prismes seront entre elles comme les carrés des diamètres des bases. Donc les cylindres mêmes, considérés comme les derniers des prismes inscrits, auront leurs surfaces dans le même rapport.

83.

Les solides semblables sont entre eux comme les cubes de leurs côtés homologues.

La proposition fondamentale pour la comparaison de la solidité des corps semblables est celle-ci :

Les solides semblables sont entre eux comme les cubes de leurs côtés homologues.

Cette proposition se peut démontrer comme la précédente, en considérant que les figures semblables ne diffèrent que par les échelles sur lesquelles elles sont construites.

Pour le faire voir le plus simplement qu'il nous sera possible, nous nous servirons, par exemple, des deux prismes semblables Z et *z* (*fig.* 144 et 145) et des deux cubes X et *x*, dont les côtés sont égaux à AB et *ab*, lignes analogues dans ces deux prismes; et nous prendrons de plus deux échelles AB et *ab*, divisées en un assez grand nombre de parties pour pouvoir mesurer les dimensions de ces solides. Or, cela posé, il est clair qu'il se trouvera pareillement autant de cubes faits sur les parties de *ab* dans le prisme *z* et dans le cube *x* que de cubes faits sur les parties de AB dans le prisme Z et dans le cube X.

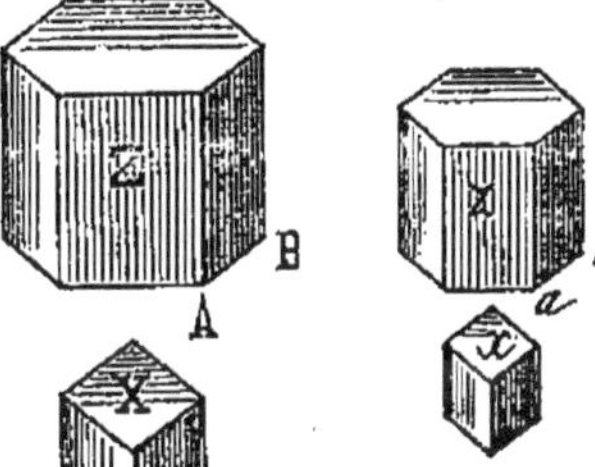

Fig. 144. *Fig.* 145.

On ferait le même raisonnement pour tous les autres solides; et ceux qui pourraient avoir des dimensions incommensurables seraient aussi dans la même raison que les cubes de leurs côtés homologues.

84.

Les sphères sont entre elles comme les cubes de leurs rayons.

D'après ce que l'on vient de voir n° 83, on peut conclure que les solidités des sphères sont entre elles comme les cubes[1] de leurs rayons : ce qui signifie que si une sphère a un rayon 4 fois plus grand qu'une autre sphère, son volume sera 64 fois plus grand que celui de la petite sphère.

1. Pour avoir le cube d'un nombre, il faut multiplier ce nombre par lui-même et multiplier le produit encore par ce nombre : ainsi, pour avoir le cube de 4, il faut multiplier 4 par 4, ce qui donne 16, et multiplier ensuite 16 par 4, ce qui donne 64 pour le cube de 4.

FIN.

TABLE

DES PRINCIPALES PROPOSITIONS

CONTENUES DANS LA GÉOMÉTRIE.

PREMIÈRE PARTIE[1].

1. On n'a indiqué dans cette table que les propositions les plus usuelles et les plus importantes résolues dans ces Éléments de Géométrie.

DEUXIÈME PARTIE.

TROISIÈME PARTIE.

QUATRIÈME PARTIE.

FIN.

On trouve à la même librairie :

ÉLÉMENTS D'ARITHMÉTIQUE, par *Bezout :* nouvelle édition mise en accord avec le système décimal et précédée d'un précis des poids et mesures, par *M. Honoré Regodt*, professeur de sciences à l'association philotechnique de Paris ; 1 vol. in-12, avec gravures.

NOTIONS DE PHYSIQUE, applicables aux usages de la vie, rédigées d'après les programmes officiels, à l'usage des élèves des écoles primaires et normales, par *M. Honoré Regodt ;* 1 vol. in-12, avec un grand nombre de gravures intercalées dans le texte.

NOTIONS DE CHIMIE, applicables aux usages de la vie, rédigées d'après les programmes officiels, à l'usage des élèves des écoles primaires et normales, par *M. Honoré Regodt ;* 1 vol. in-12, avec des gravures intercalées dans le texte.

RECUEIL DE SUJETS DE COMPOSITIONS DE MATHÉMATIQUES ET DE PHYSIQUE, à l'usage des aspirants au baccalauréat ès sciences, par *M. Honoré Regodt ;* in-12, avec gravures.

www.ingramcontent.com/pod-product-compliance
Ingram Content Group UK Ltd.
Pitfield, Milton Keynes, MK11 3LW, UK
UKHW012038240726
13965UKWH00003B/886